흥미롭고도 신비한 눈의 세계

눈 탐험

흥미롭고도 신비한 눈의 세계

눈 탐험

최상한 지음

지성사

일러두기

1. 「 」책명, 「 」작품명(논문, 시, 영화 등), 〈 〉신문·잡지명을 가리킨다.
2. 본문에서 핵심 용어는 굵은 고딕체로 표기했다.
3. 본문에서 색자 번호와 관련된 문장은 '덧붙임'에 부연 설명되어 있다.
4. 각 장의 참고 자료는 해당 절에 수록하였으며, 전체적인 참고 문헌은 「부록」 뒤에 따로 실었다.
5. 그림 출처는 「부록」 뒷부분에 정리하여 실었다.

이 책의 대주제는 눈이다. 눈은 늘 우리와 함께하는 일상적인 신체 기관이지만, 우리는 그 중요함을 간과하지 않고 눈을 매우 조심스럽게 다루며 신경 쓴다. 눈이 그만큼 소중하고 중요하다는 것을 우리 스스로 너무나 잘 알고 있기 때문일 것이다. 이처럼 모든 사람이 눈에 대해 신경을 쓰고 조금은 관심이 있기 때문에 눈을 주제로 하는 책이나 글도 많다.

이 책은 여느 책들처럼 눈과 관련하여 익히 알려진 일반적인 정보나 사실들을 총체적인 관점에서 나열하고 구성한 것이 아니다. 이 책은 눈과 관련하여 비록 평범해 보이지만 사실은 흥미로울 수 있는, 또는 낯설거나 잘 밝혀지지 않아서 신비로울 수도 있는 몇 가지 현상이나 사실들을 주제로 한다. 그리고 그 주제들을 조금은 새로운 관점에서, 조금은 깊이 있게 파고들면서 탐색해보려는 책이다.

제기된 의문이나 주제들에 대해서는 나름 개연성 있다고 생각하는 가설들을 일부 제시해보았다. 이렇게 문제를 제기하고 풀어나가는 과정에서 눈과 관련된 지식이 하나씩 소개가 된다. 말 그대로 이 책을 통해 독자는 필자와 함께 눈과 관련된 진실을 찾아가는 탐험을 떠나게 되는 것이다. 이런 탐험을 통해 나는 독자들과 눈에 대한 관심을 공유하고 싶고, 가능하다면 제기한 문제들에 대해 가설이 아닌 해답을 함께 찾아가고 싶다.

이 책에는 공감을 얻기 위한 두 가지 과제가 있다. 첫째는 눈에 대해 독자들이 잘 인식하지 못했던 특이한 사실들을 발굴하여 최대한 흥미롭게 소개하여 관심을 유도하는 것이다. 제법 흥미롭지만 인식하지 못한 눈에 대한 사실들이 있다면 그것은 눈과 관련된 신경과학적인 지식이 부족해서이거나, 눈을 주로 보호의 대상으로만 생각해서이거나 또는 눈의 상태를 당연한 것으로 생각해서일 것이다. 이 책에서는 신경과학적인 지식이 있어야 흥미로울 수 있는 점들을 몇몇 소개하겠지만, 되도록 그런 지식 없이도 누구나 이해할 수 있는 보편적인 수준의 내용을 다루고자 노력했다.

둘째는, 흥미로운 현상을 설명하기 위해 쉬우면서도 최소한의 설득력이 있는 가설들을 제시하는 것이다. 이를 위해 사실 관계가 틀리거나 논거가 부족하지 않게끔 하려고 나름 노력했다.

　내용을 이해하는 데 도움이 되고자 각 장의 마지막에 그 장의 내용을 세 문장으로 요약하여 정리해 놓았다. 어렵게 느끼는 장은 대강 읽고 세 문장 요약 정도로만 확인한 뒤, 나중에 시간을 두고 다시 읽어보는 것도 좋을 것이다. 필자는 괜히 무리하게 이해해보겠다고 하다가 앎에서 오는 본연의 즐거움을 놓쳐버린 경우를 종종 경험하기도 했다. 또한 이 책의 주제가 눈이므로 이와 관련하여 각 장에서 다룬 지식이 겹치기도 한다. 이렇듯 내용이 중복되는 것을 피하기 위해 겹치는 부분은 '참조' 형태로 다루었다. 마지막에 정리된 '덧붙임' 글은 해당 장의 주제와 한 다리 걸쳐 관련이 있는, 흥미로울 법한 부연 설명이다.

　일상적이고 당연하다고 생각하는 것에서 뜻밖의 흥미로운 사실들을 접하는 것은 즐거운 일이다. 그리고 이 책을 통해 그런 경험을 할 수 있었으면 좋겠다.

차례

1장

생각해보면 이상한 우리의 눈

●

우리의 눈에서 쉽게 관찰되는 현상들을 당연한 것이라 생각하지 않고 조금은 새로운 관점에서 살펴보면, 인간의 눈에는 이상하게 보이는 점들이 많이 있다. 이 장에서는 이처럼 다 알려졌고, 다 알고는 있지만 사실은 이상한 것일 수도 있는 눈과 관련된 몇 가지 사실들을 소개하고, 또한 그에 대해 설명하기로 한다.

'1. 왜 인간에게만 흰자위가 보일까?'에서는 우리 눈의 외관 형태에서 나타나는, 당연하지만 사실은 당연하지 않은 상태에 관한 내용을 다룬다. '2. 왜 우리 눈은 착시를 일으킬까?'와 '3. 왜 우리는 황금비에서 아름다움을 느낄까?'는 이상하다는 것은 알지만 특별히 의문을 제기하지 않는 우리 눈에서의 지각 현상에 관한 내용이다. '4. 왜 우리는 꿈꿀 때 눈동자를 움직일까?'는 잠잘 때 눈동자가 움직이는 현상에 관한 내용이다. '5. 왜 인간에게만 눈썹이 있을까?'와 '6. 왜 우리는 눈물을 흘릴까?'는 눈 주변 기관에서 나타나는 당연하면서도 이상한 상태에 관한 내용이다.

1.
왜 인간에게만
흰자위가 보일까?

　인간의 눈은 외부에서 크게 세 부분으로 관찰된다. 첫 번째는 눈동자다. **동공**이라고도 하는 **눈동자**는 외부의 빛이 눈으로 직접 들어오는 구멍이다. 눈동자는 눈의 세 부분 가운데 가장 핵심적이고 본질적인 시각 기능을 맡고 있으므로 '눈 중의 눈'이라고 할 수 있다. 두 번째 부분은 홍채다. **홍채**는 눈동자를 감싸고 있는 짙고 둥근 형태의 구조물이다. 홍채에 있는 근육은 눈동자의 크기를 조절하여 눈동자로 들어오는 빛의 양을 조절하는 역할을 한다. 마지막 세 번째 부분은 여기서 다루려는 **흰자위**, 또는 **흰자**이다.

　눈알(안구)의 표면을 감싸면서 눈의 실질(實質, parenchyma)을 보호하는 외막에는 **각막**과 **공막**이 있다. 그림 1처럼 각막은 동공과 홍채 부분을 감싸고 있고, 공막은 나머지 부분을 감싸고 있다. 그리고 흰자는 공막 중에서도 밖으로 드러난 부분을 말한다. 인간에게서 흰자는 말 그대로

희고, 눈을 떴을 때 눈꺼풀로 보호받지 못해 외부에 노출된다.

우리는 밖으로 드러난 흰자를 대수롭지 않게 여길지도 모른다. 그러나 흰자가 드러난 현상은 제법 특별하다. 그 이유는 **카메라눈**을 지닌 수많은 동물 가운데 흰자가 확연히 보이는 동물은 인간밖에 없기 때문이다.[1] 왜 그럴까? 왜 인간에게만 흰자가 보이는 것일까?

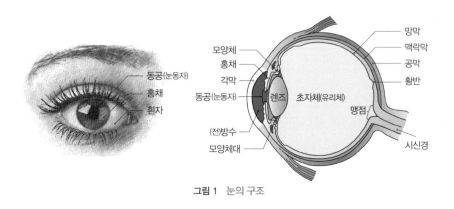

그림 1 눈의 구조

다른 동물들에게서 흰자가 쉽게 관찰이 되지 않는 이유는 단순하고도 명쾌하다. 기능적으로 볼 때 공막이 외부로 굳이 드러날 필요가 없기 때문이다. 눈은 소중하고 민감한 부분이라 당연히 보호해야 하므로 꼭 필요한 경우가 아니라면 눈은 되도록 속에 감춰져야 한다. 그러나 동공은 외부의 빛을 받아들여야 하기 때문에 반드시 외부로 드러나야만 한다. 홍채의 경우, 그 자체는 외부로 드러날 필요가 없지만 홍채로 둘러싸여 있는 동공이 주변의 밝기에 따라 크기가 변하므로 이것 역시 불가피하게 외부로 노출된다. 따라서 눈알 중에서 적어도 홍채까지 외부로 드러나야만 눈이 정상적인 시각 기능을 할 수 있다. 눈의 외막 가운데 동공과 홍채를 덮고 있는 각막까지만 투명한데, 이것도 같은 맥락이다. 그런데 공막은 다르다. 공막은 감춰져 있어도 눈이 빛을 받아들이는데 아무런 문제가 없다. 따라서 대부분 동물의 공막은 눈꺼풀 같은 것으로 잘 보호받고 있다.

그런데 인간은 왜 위험하게 공막이 밖으로 드러났을까? 이를 설명하려면 자연 선택에 유리하게 작용하는 무언가가 있어야 할 것이다. 그렇지 않다면 지구상에는 지금의 인류와는 다른, 공막을 보호하는 형질을 가진 인류가 살고 있어야 자연스러울 것이기 때문이다. 우리의 뿌리에 해당하는 원시 영장류나 그 뿌리를 공유하는 여느 유인원이 그러하듯이 말이다. 결론부터 말하면, 이렇게 흰자 인류가 살아남았다는 것은 흰자가 사람의 **시선방향**을 직접적이고 정교하게 알 수 있게 한다는 사실과 관련 있어 보인다.

먼저, 흰자는 눈동자의 위치와 방향을 명확하게 함으로써 사람의 시선방향을 파악하는 데 중요한 실마리를 제공한다. 실제로 흰자로 인해 우리는 상대방이 어디를 보고 있는지를 미세한 수준까지도 파악할 수 있다. 만약 흰자가 눈에서 가려진다면 어떻게 될까? 아쉽게도, 일상에서는 흰자만 가려지는 상황을 가정하기 힘들기 때문에 그 대신 수영장에서 물안경을 쓴 사람과 마주했다고 하자. 이 경우 일차적으로 우리는 눈의 형태에서 그 사람의 감정 상태를 읽을 수가 없다. 또한 상대방의 시선방향을 파악하기도 힘들어 갑갑함을 느끼게 된다.

그렇다면 시선방향이 노출되는 것이 인간의 생존과 번식에 어떤 이로움이 있을까? 그 이로움은 공막이 다칠 가능성이 높아지는 위험을 감수할 만큼의 가치가 있는가? 결론적으로 말하면 이로움이 있고, 그럴 만한 가치도 있어 보인다. 먼저, 시선방향은 그 동물이 지금 무엇에 주의를 기울이는지, 무엇을 알려고 하는지, 무엇을 하려고 하는지와 직결된다. 인간에게도 그렇지만 빛에 의존하는 대부분의 동물에게 눈은 가장 핵심적인 감각기관이며,[2] 시선방향은 그 핵심적인 정보수집 기관이 향하는 방향이기 때문이다. 그리하여 동물이 지금 무슨 생각을 하고 있고(주의), 무엇을 하려고 하는지(의도)는 그 동물의 시선방향에 있는 대상과 직결된다. 보고 있는 것은 곧, 생각하고 있는 것이자 하고자 하는 것이다(3장 3. 참조).

이러한 홑자에 따른 시선방향이 노출되는 것에 무슨 의미가 있을까? 개체들 간에 시선이 노출된다는 것은 서로의 주의 대상이나 의도가 노출될 수 있음을 의미한다. 앞서 말했듯이 무엇을 보고 있는지를 파악하는 것만으로도 우리는 그 대상이 무엇을 하고 있고, 하려고 하는지를 쉽게 파악할 수 있다. 그렇다면 서로의 주의 대상이나 의도가 노출되는 상태가 개체의 생존과 번식에 무슨 이점이 있을까? 자신이 무엇에 주의를 기울이고 무엇을 계획하는지에 대한 정보라면 오히려 숨길수록 좋은 것이 아닌가?

공동체 생활이 아닌 개별적으로 각자도생하는 습성을 가진 동물에게는 자신의 주의 대상이 노출되든 말든 크게 상관없을 것이다. 어차피 그들에게 다른 개체는 적 아니면 먹잇감이므로 그들이 신경 써야 하는 노출은 자신의 주의 대상이 아니라 자신의 존재나 위치 자체가 될 것이다(성 선택과 관련된 문제는 일단 무시하기로 하자). 그러나 인간을 포함한 몇

몇 공동체 생활을 하는 동물들에게는 상대방이 어디를 보고 있는지, 무엇에 주의를 기울이고 있는지를 아는 것이 대단히 중요했을 것이다. 왜냐하면 공동체 생활을 하는 동물들에게 다른 개체에는 앞서 말한 적과 먹잇감이 있지만, 함께 협력할 수 있는 동료도 있기 때문이다. 이들이 각자 정상적으로 생존하고 번식하려면 다른 동료들과 협력관계를 맺어야만 한다. 그리고 시선방향의 노출은 다른 동료들과 협력관계를 맺을 수 있느냐 없느냐를 결정하는 데 중요한 영향을 미칠 수 있다.

누군가와 협력관계를 맺으려면 상대방과 신뢰부터 쌓아야 한다. 그리고 시선방향을 노출하는 흰자는 상호신뢰에 대한 일종의 자연스러운 보증 장치가 될 수 있다. 왜냐하면 흰자에 따른 시선방향 노출은 서로가 무슨 생각을 하고 무엇을 의도하는지를 자연스럽게 서로에게 간접적으로 파악할 수 있게끔 하기 때문이다. 그렇게 함으로써 흰자는 서로 딴 생각을 품고 속이는 것을 어렵게 한다.

다시 말해, 흰자가 보이는 상황은 남을 속이려고 생각하는 사람에게만 선택적으로 아주 불리하게 작용한다. 우리가 남의 답안지를 마음놓고 커닝하지 못하는 것도 이 흰자 때문이고, 우리가 해변에서 비키니 수영복을 입은 여성의 몸매를 마음 놓고 쳐다보지 못하는 것도 이 흰자 때문이며, 우리가 대화하면서 마음 놓고 딴청을 피우지 못하는 이유도 다 흰자 때문이다.

또한 강심장이나 사이코패스가 아닌 다음에야 거짓말을 할 때면 상대방 눈을 똑바로 보기도 어렵다. 속이려는 자신의 마음 상태가 상대방에게 읽힐 수도 있기 때문이다. 그래서 마음먹고 거짓말을 해야 할 순간에는 되도록 상대방의 눈길을 피하려고 한다. 서로 허심탄회하게 이야기하고자 할 때 선글라스를 벗는 것이 예의라는 것도 이런 이유 때문일 것이다. 물론, 공항 같은 곳에서 선글라스를 껴서 자신의 주의 대상을 은폐하는 경호원도 있다. 그러나 이는 은폐의 대상자가 선량한 시민이 아니라 범행 계획자이기에 그런 것이다.

환자가 사기꾼으로부터 자신을 보호하는 역할을 할 수 있고, 동시에 자신이 사기 칠 생각이 없다는 것을 상대방에게 증명하는 역할도 할 수 있다. 따라서 만약 상대방이 선글라스 등으로 환자를 숨기고 접근한다면 사기꾼일지도 모른다는 생각에 그 사람과 상대하지 않을 수도 있다. 이런 흐름으로 본다면, 의도야 어떻든 선글라스 같은 것으로 자신의 눈을 은폐하기를 고집하는 사람이라면 공동체 무리에서 도태될 가능성이 크다. 아주 오랜 옛날, 새롭게 등장했을 환자 인류 무리에서의 검은자 인류 역시 이와 비슷한 운명을 맞이했을지도 모를 일이다.[3]

공동체 생활을 하는 동물에게 환자는 신뢰를 형성하는 역할과 함께, 형성된 신뢰를 강화시키는 역할도 한다. 눈의 윤곽을 도드라지게 하는 환자는 표정으로도 감정이나 정서를 좀 더 선명하고, 풍성하고, 섬세하게 전달하여 서로의 교감을 정교하게 할 수 있기 때문이다. 이렇게 교감이 정교해질수록 서로의 신뢰 상태를 확인하기가 쉽고, 신뢰와 결속력은 더 단단해질 수 있다. 그리고 이런 무리일수록 안정적으로 발전할 가능성도 더 크다. 따라서 인간에게 환자가 보이게 된 것에는 시선방향이 노출된다는 것과 함께, 구성원의 교감을 정교하게 한다는 점도 중요하게 작용했을 것 같다.

이러한 맥락에서, 왜 눈이 큰 사람이 일반적으로 인상에서 높은 점수를 받는지, 왜 눈을 조금이라도 크게 보이려고 화장이나 수술을 하려는지도 어느 정도 설명이 된다. 인간의 눈 크기 편차는, 크기 편차가 10퍼센트 정도인 홍채보다 더 크다. 따라서 같은 조건에서 눈이 크다는 것은 그만큼 흰자가 더 많이 노출된다는 것을 뜻한다. 그리고 앞서 말한 것처럼, 이 흰자는 상대방에게 믿음을 느끼게 하고, 좀 더 섬세한 감정을 전달할 수 있게 한다. 결론적으로 눈 큰 사람이 매력적이라 한다면, 이는 조금이라도 흰자가 더 노출되는 큰 눈이 상대방에게 선하고 감성적인 인상을 주기 때문이 아닐까.

이렇듯 인간이 흰자를 보임으로써 시선방향을 노출하는 것은 그로 인한 공막의 손상 가능성이 높아지는 것을 감수할 만큼의 가치가 있어 보인다.[4] 이로써 인간에게 흰자가 보이게 된 이유가 어느 정도 설명이 된 듯하니, 이 정도로 글이 대략 마무리되겠구나 하고 생각할지도 모르겠다. 그러나 이 가설에는 어이없고 치명적인 맹점이 두 가지 있다.

첫째, 이 설명대로라면 공막은 사람뿐만 아니라, 공동체 생활을 하는 동물인 침팬지나 사자 등에게도 보여야 하는데 현실은 그렇지 않다. 다시 말해 설명에서의 논리대로라면 인간처럼 공동체 생활을 하는 침팬지도 다른 개체들과 신뢰관계를 맺어야만 살아갈 수 있고, 따라서 생존을 위해서라면 인간처럼 시선방향을 노출해야 할 것이다. 그러나 침팬지의 눈에서 흰자라고는 보이지 않는다.

둘째, 동물의 시선방향을 파악하는 것이라면 굳이 설명에서처럼 흰자가 보여야 할 필요는 없다. 즉, 흰자가 시선방향을 좀 더 명확히 드러내는 것은 사실이지만, 그렇다고 시선방향을 노출하기 위해 위험을 감수하면서까지 흰자를 보일 필요는 없다. 시선방향이라면 흰자 대신 머리가 향하는 방향으로도 쉽게 알 수 있기 때문이다.

다시 정리하면, 인간에게 흰자는 시선방향을 드러내는 역할을 한다고 설명했는데, 시선방향이라면 굳이 흰자가 보이지 않더라도 알 수 있으며, 실제로 침팬지는 흰자 없이도 서로 신뢰하며 잘 살아가고 있는 듯하다.

어떻게 된 일일까? 굳이 그럴 필요도 없는데, 왜 인간의 흰자는 시선방향을 노출하기 위해 다칠 위험을 감수하면서까지 보이게 되었나? 이 문제는 '**눈속임 시선**'이라는 것이 오직 인간에게만 가능하고, 눈속임 시선이 가능한 동물들에게는 흰자 노출만이 시선방향을 확인하는 데 유효하게 작용할 수 있다는 사실로 설명할 수 있다. '눈속임 시선'은 눈동자를 돌림으로써 실제 자신의 시선방향을 자신의 머리 방향과 다르게 하여 상대방이 자신의 시선방향을 잘못 파악하게끔 기만하는 행위 정도로 정의한다. 앞에서 말한 답안지 커닝이 눈속임 시선의 대표적인 예이다.

인간을 제외한 동물들은 이런 눈속임 시선 행동이 불가능해 보인다. 한마디로 눈알을 잘 굴리지 못하는 동물은 애초에 눈속임 시선이 불가능하다. 파충류, 양서류, 조류 등이 그러한데, 이들은 눈 대신 주로 머리를 움직여서 시선방향을 조절한다. 따라서 이 동물들에게는 머리 방향이 곧 시선방향이다.

눈알을 굴릴 줄 아는 동물이라 하더라도 사정은 크게 다르지 않다.

관련된 사례 연구가 있는지 모르겠지만, 이 동물들 중에서 인간처럼 눈속임 시선 행위를 할 만큼의 감정이나 지능이 발달한 동물은 없을 듯하다. 왜냐하면 인간을 제외하면 상대방의 시선, 즉 눈의 방향에 주의를 기울일 줄 아는 동물이 없어 보이기 때문이다. 인간은 한 살만 되어도 눈 방향에 주의를 기울일 줄 알지만, 인간 다음으로 지능이 높다는 유인원조차도 소통 대상의 눈 방향보다는 머리 방향에 훨씬 더 주의를 기울인다는 연구 보고가 있다. 결론적으로, 눈알을 굴릴 줄 아는 동물들 역시 자기네끼리는 근사적으로 머리 방향이 곧 시선방향이 된다고 할 수 있다.

그러나 영리한 인간은 다르다. 인간에게는 눈속임 시선이 가능할 정도의 감정이나 지능이 있다. 인간만이 상대방의 시선방향에 주의를 기울일 줄 알며, 인간만이 자신의 눈알 움직임 능력을 시선방향을 속이는 데 사용할 수도 있다. 나아가 인간에게는 상대방의 관점을 자신의 관점과 구별하고, 상대방이 보는 세상의 관점을 이해하는 **마음이론**(theory of mind)도 있다. 이로 인해 인간은 눈속임 시선이 가능하며, 또한 상대방도 자신처럼 눈속임 시선이 가능하다는 것을 알며, 나아가 상대방이 자신의 이런 상태를 알고 있으리란 것까지도 이해한다.

이처럼 서로가 머리 방향만으로는 상대방의 시선방향을 정확히 파악할 수 없다는 사실을 아는 상황은 공동체 생활을 하는 인간에게 이로울 것이 전혀 없다. 이렇게 되면 타인과 소통할 때마다 눈속임 시선으로부터 상대방을 경계해야 하며, 상대방에게 불필요한 의심도 받아야 하기 때문이다.

● 사람 그리고 동물의 눈

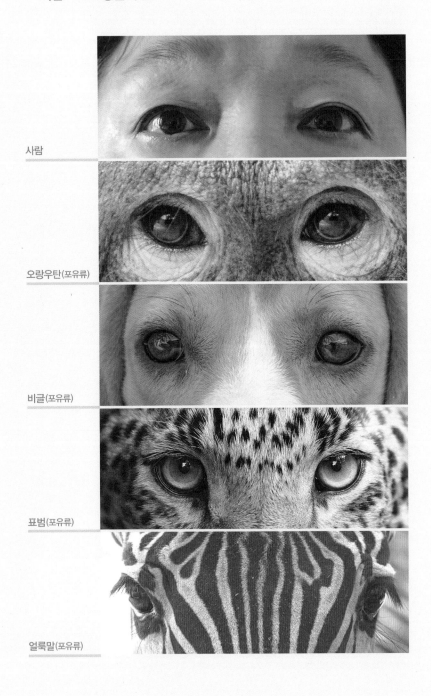

사람

오랑우탄(포유류)

비글(포유류)

표범(포유류)

얼룩말(포유류)

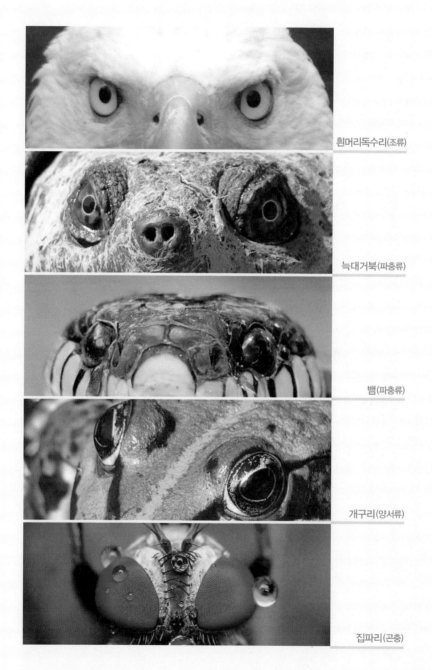

흰머리독수리(조류)

늑대거북(파충류)

뱀(파충류)

개구리(양서류)

집파리(곤충)

죄수 딜레마나 핵무기 경쟁 상황과도 비슷한 부분이 있는 이러한 상황은 개체 각각에게도 위기이겠지만, 공동체 전체에도 위기상황이라 할 수 있다.(죄수 딜레마는 가장 대표적인 게임이론 사례로, 격리되어 취조 받는 두 공범이 상대를 믿고 서로 침묵만 하면 두 공범 모두 가장 가벼운 구형을 받지만, 상대를 불신하는 현실에서는 자신에게 유리한 선택을 위해 배신할 수밖에 없으므로 결국 두 공범 모두 가장 무거운 구형을 받는 상황이다.)

　　이쯤에서 필요한 것은 눈속임 시선에 대한 신뢰를 보증하게 하는 어떤 추가적인 장치일 텐데, 인류의 흰자 노출은 이러한 불신으로 인한 위기상황에서 우연히 발현하여 우세하게 존속된 형질이 아닌가 한다. 머리 방향보다 훨씬 정교하고 직접적인 시선방향 정보를 제공하는 흰자는 서로의 눈속임 시선을 바로 간파할 수 있게 하기 때문이다. 이러한 흰자는 다시 서로를 믿고 협력관계를 맺을 수 있게 하는 장치로 작용할 수 있다. 결론적으로 인간이 눈알을 움직이지 못하거나, 공동체 생활을 하지 않았거나, 눈속임 시선 능력이 없었다면 인간의 흰자는 아마도 다른 동물들처럼 피부 속에 가려져서 보호되었을 것이다.

세 문장 요약

❶ 공동체 생활을 하는 인류가 생존하고 번영하려면 상호 신뢰를 바탕으로 서로가 협력해야 한다.

❷ 서로의 시선방향 노출은 상호 간의 신뢰를 확인하고 형성하는 데 중요한 역할을 한다.

❸ 눈속임 시선이 가능해져서 머리 방향만으로는 시선방향을 확신할 수 없게 된 인류에게 눈동자의 방향을 선명하게 알 수 있게 하는 흰자는 인류를 신뢰 위기에서 벗어나게 하는 장치로 발전했다.

참고 자료

• 찰스 다윈 지음, 송철용 옮김. 『종의 기원On the Origin of Species』. 동서문화사, 2013.

1   수정체와 공막 등으로 구성된 카메라눈을 지닌 동물은 인간 이외에도 많다. 인간을 포함한 포유류, 나아가 모든 척추동물의 눈은 카메라눈이다. 무척추동물 중에도 카메라눈을 지닌 종이 많다. 대표적으로 오징어이며, 달팽이나 거미 같은 무척추동물에도 카메라눈이 관찰된다. 카메라눈을 지닌 수많은 동물 가운데 흰자가 어느 정도라도 보이는 동물이 아주 없지는 않다. 바로 개다. 개는 사람만큼 아니지만 다른 동물들에 비해 흰자가 제법 보인다. 그리고 흥미롭게도 일부 동영상을 보면 개에게도 눈속임 시선 능력이 있는 듯도 하다.

   실제로 이 눈속임 시선 능력과 밀접한 관련이 있는 **시선 해독률**의 경우, 개 (~80%)가 침팬지(~60%)보다 앞선다는 보고도 있다. 인간을 제외하고 개가 시선 해독 능력이 가장 높은 동물인 셈이다. 이처럼 정말로 개에게도 어느 정도 눈속임 시선 능력이 있다면 이는 개의 지능이 비교적 높은 수준이라는 점과, 사람과 정교한 감정적 교류를 택한 개의 특별한 진화적 방향성이 크게 작용했을 듯하다. 또한 동물을 의인화한 애니메이션에 등장하는 대부분의 동물에도 흰자가 보인다. 등장하는 동물들의 캐릭터를 조금이라도 편리하게 살리기 위한 만화가의 꼼수로 생각된다.

2   인간에게 눈은 핵심적인 정보수집 기관이다. 대뇌피질을 보면 다른 감각들보다 시각을 담당하는 영역이 월등히 넓다. "백문이불여일견"이고 "보는 것이 믿는 것"이란 말도 있다. 여기에서 '본다'는 직접 체험하고 확인하는 등의 정보를 파악하기 위한 전체적인 행동으로 확대해서 해석해야 한다. 그러니까 "백문이불여일견"이라는 말에서 '본다'는 곧, 보고 듣고 만지고 맡고 맛보고 하는 등의 모든 정보수집 행위를 의미한다는 인식이 깔려 있다.

   눈은 인간뿐만 아니라 대부분 동물에도 핵심적인 정보수집 기관이다. 현재 지구상의 전체 동물 종 중 대략 95퍼센트가 눈을 지니고 있다. 이는 시각 정보가 동물의 생존과 번식에 그만큼 유용하다는 것을 뜻한다. 실제로 시각 능력은 동물에게 엄청난 진화적인 이득을 가져다주었을 것이다. 왜냐하면 적의 공격을 피하고 먹잇감을 잡는 행위에서 시각 정보만큼 유용한 것이 없기 때문이다. 빛의 직진 성질 때문에 시각 장치는 시선방향 쪽으로 가려지지 않은 빛 정보밖에 얻지는 못하지만, 빛 정보로 대상의 세밀한 위치나 상태까지 정확히 파악할 수 있다. 또한 빛 정보는 빠르고 분명하므로 대단히 멀리 있는 곳의 정보까지 즉각적으로 파악할 수 있다. 그리고 빛 정보는 하루 중 절반 정도는 공짜로 누릴 수 있다.

3 진화론에서의 적자생존은 적자(適者)가 살아남는다는 뜻이다. 그리고 여기에서의 적자는 '주어진 조건'에서 그 형질이 생존과 번식에 적합한 생명체를 의미한다. 순환논리의 오류 같기도 한 이 적자생존이라는 말은, 적자가 되어 살아남으려면 약자를 취해야 한다(약육강식)거나 최고가 되어야만 한다(무한경쟁)는 의미와는 차이가 있다. 약자를 취하지 않아도, 최고나 최선이 아니어도 상관없다. 단지 그 형질이 '주어진 조건'에서 생존과 번식이 불가능할 정도로 최악만 아니라면 모두 적자가 될 수 있다.

다윈은『종의 기원』에서 적자생존에서의 생명체에게 '주어진 조건'에 대해 직간접적으로 세 가지를 제시했다. 첫 번째는 인간 선택이다. 즉, 인간에게 가축이나 작물 등으로 선택된 종은 개량·분화되고 번성한다(예컨대, 닭). 두 번째는 성 선택이다. 양성 생명체의 경우, 이성동종에게 선택되는 조건을 갖춘 개체가 번식할 수 있다(예컨대, 화려한 수컷 공작새). 세 번째가 자연 선택이다. 자연환경에 잘 적응할 수 있는 종은 번성하고, 그렇지 못한 종은 도태된다(예컨대, 바퀴벌레). 그리고 여기에 하나 더 추가한다면 집단 선택이다. 이 글에서 흰자 인류가 살아남은 현상과 관련된 조건이다. 즉, 인간의 경우 고립되지 않고 집단 환경에 융화되어 적응하게끔 하는 형질이 살아남는다. 집단 선택을 나머지 다른 선택들과 구별하자면, 집단 선택과 인간 선택은 (자연이 아닌) 인간과 직접적으로 관련된 적자생존이고, 집단 선택과 성 선택은 (이종 간이 아닌) 동종 간에 발생되는 적자생존이며, 집단 선택과 자연 선택은 (특정 개체로부터의 선택이 아닌) 환경으로부터의 선택과 관련된 적자생존이다.

4 인간의 눈에 흰자를 보호하기 위한 방어 장치가 전혀 없는 것은 아니다. 부족하나마 흰자는 **결막**이라는 얇은 막으로 보호받고 있다. 결막이 비교적 투명해 그

존재를 잘 인식하지 못할 뿐이다. 결막은 눈꺼풀과 연결된 일종의 피부이며, 눈에서는 각막을 제외한 흰자 부분만 덮고 있다. 결막은 피곤하거나 티 같은 것이 들어가면 눈이 새빨갛게 충혈되면서 드러나는 부분이다. 또한 결막은 흰자 미백 시술을 할 때 제거하는 부분이기도 하다.

* 외계인 목격담에 대한 문서들을 보면 외계인들은 대부분 눈에 흰자가 없다. ET처럼 예외적인 경우도 있기는 하지만, 대부분의 SF영화에도 마찬가지이다. 하나같이 터무니없이 큰 눈에 침팬지처럼 검은 눈이다. 홍채와 동공조차 구별이 되지 않는다. 정말로 외계인의 눈에 흰자가 없다면, 그리고 흰자의 역할에 대한 위의 가설이 진실이라면 외계인의 상태에 대한 세 가지 가능성이 있을 수 있다.

첫 번째는 그들이 공동체 생활이 아닌 개별적 행동을 한다는 것이고, 두 번째는 그들에게 시선 상태를 통해서 정보를 받아들이는 능력이나 의지가 아예 없다는 것이고, 세 번째는 그들은 남과 교감을 할 때 얼굴을 마주보는 형태가 아닌 생체적으로 전혀 다른 방식을 취한다는 것이다. 아무래도 이 세 가지 모두 개연성이 낮아 보인다. 어쩌면 외계인 목격담이 거짓이거나 아니면 흰자에 대한 가설이 틀렸거나…….

2.
왜 우리 눈은
착시를 일으킬까?

그림 2는 대단히 유명한 착시 그림인 **아델슨**(Adelson)의 **체크무늬** 그림자이다. 이 그림에서 A로 표시된 네모 부분은 B로 표시된 네모 부분보다 확실히 더 어두워 보이지만, 놀랍게도 실제로는 두 네모의 명도는 같다.[1] 이 그림을 처음 보았을 때 필자는 책에서 오타가 난 것 같다고 생각했을 정도로 이 착시는 대단했다.

이러한 **착시**는 주변에서 이 따금씩 경험하는 흥미로운 시각 현상이다. 착시는 우리에게 보이는 것과 실제가 틀릴 수도 있음을 보여준다. 착시 현상을 통해 우리는 우리의 시각 능력이 확실하지

그림 2 아델슨의 체크무늬 그림자

도 않고, 안정적이지도 않다는 사실을 알게 된다. 그러나 마지막에 설명하겠지만 착시는 우리 시각 능력의 경이로움을 보여주기도 한다.

착시는 왜 일어나는 것일까? **'지각'**은 뇌가 외부 대상을 **'감각'**기관을 통한 **'신호'**로부터 **'예측'**을 하면서 발생하는 정신작용이라 할 수 있다. 그리고 착오는 뇌의 '예측'이 실제의 외부 대상과 '불일치'하는 상황이다(「부록」 참조). 뇌가 착오를 인지하면, 착각의 경우 **'예측 모델'**을 수정하여 다음번에는 올바른 예측을 할 수 있게끔 한다. 그래서 자라 보고 놀랐다가 솥뚜껑 보고 놀란 가슴이라도, 솥뚜껑을 계속 자라로 **착각**하지는 않는다. 그러나 착시는 조금 다르다. 그림 2에서처럼, 착시는 그것이 예측 실패 상황이라는 것을 알게 되어도 계속 반복된다. 그 그림을 다시 봐도 그림의 A로 표시된 네모 부분은 여전히 B로 표시된 네모 부분보다 더 어두워 보인다. 다시 말해 착각과 달리 착시의 경우, 자신이 잘못 예측하고 있다는 것을 알았음에도 뇌가 예측 모델을 수정하지 못하고 계속 잘못된 예측을 내놓는다. 뇌는 착시 현상에 의한 예측 실패 상황에 대한 조치로 예측 모델이 아닌 지각 상태를 수정해버리는 것이다. 왜 그럴까?

착시는 크게 세 가지 이유로 발생한다. 첫 번째는 대상 자체가 애매해서 착시가 일어나는 경우다. 즉, 자극 자체가 명확하지 않아 이렇게도 저렇게도 해석될 여지가 있는 상황에서 착시가 일어날 수 있다. 이처럼 애초에 정확한 지각적인 답이 없는 자극이라면 뇌는 예측 모델을 수정할 수 없기 때문에 똑같은 착시 현상이 반복된다. 이 경우 뇌는 한 번은 이런 식으로 해석하고, 또 한 번은 저런 식으로 해석하면서 그때마다 다른 결론을 내놓는다. 이와 관련된 가장 대표적인 자극이 그림 3의 왼쪽 **네커 큐브**이다. 이 그림에서 큐브는 어떻게 보면 위가 보이는 것 같고, 또 어떻게 보면 아래 바닥이 보이는 것 같다. 이런 종류의 착시 유도 그림은 수없이 많다. 그림 3의 오른쪽 그림은 또 다른 대표적인 예인 **얼굴-잔 착시** 그림이다.

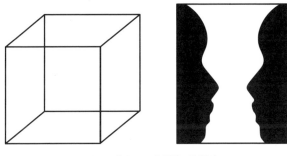

그림 3   네커 큐브와 얼굴-잔 착시

두 번째는, 대상으로부터의 자극 정보가 감각기관 단계에서 실제와 다르게 왜곡이 될 때 착시가 일어난다. 즉, 애초에 눈이 뇌로 실제와 다른 신호를 보내면서 뇌가 잘못된 판단을 내리는 경우이다. 뇌의 입장에서 보면 이런 종류의 착시는 입력신호가 이미 실제와 틀리기 때문에 발생하는 것이다. 입력신호를 기준으로 볼 때 뇌는 항상 진실을 예측하고 있으므로 예측 모델을 수정할 수 없고, 따라서 똑같은 착시 현상이 반복된다. 그림 4의 **마하밴드**는 그중 한 예이다. 그림 왼쪽의 옅은 회색과 그림 오른쪽의 짙은 회색이 만나는 중간 대역을 기점으로 하여 양 옆에 띠 같은 것이 두 개 보이는데 실제로 그런 것은 없다. 이 현상을

측면 억제 시각 효과로 설명할 수 있다. 그리고 이 현상은 중추신경계가 아닌 시신경 신경절 세포에서 발생하며, 대뇌가 아닌 감각단계에서는 예측 모델 수정이 어려우므로 우리의 뇌는 이런 착시를 피할 방법이 없다.

그림 4　마하밴드

　세 번째는 뇌가 자신이 오랫동안 학습한 것과는 다른 조건에서 시각 자극을 만났을 때 벌어지는 예측 오류로 착시가 일어난다. 즉, 뇌는 항상 지금까지 입력된 시각 자극들에서 주어진 자극에 대해 확률적으로 가장 참일 예측 결과를 내놓는데, 감각 환경이 지금까지와는 다르게 특수하게 조작되거나 왜곡됨으로써 뇌의 예측이 틀리는 경우이다. 뇌는 지금까지 수없이 축적된 경험과 맥락을 종합하여 외부 대상을 예측하므로, 이런 특수한 환경에서 일시적으로 한두 번 예측에 실패했다고 하여 예측 모델 자체를 뒤엎지는 않는다. 만약 이런 상황에서 뇌가 예측 모델을 냉큼 수정해버리면 일상적인 환경에서 다시 예측에 문제가 발생할 것이고, 지금까지 기껏 학습했던 것들도 물거품이 된다. 그래서 행여 그런 특수 환경에 따른 자극들이 지금까지 학습하면서 누적된 데이터베이스를 압도할 만큼 반복되지 않는 이상 그와 관련된 예측 모델은 계속 지키고, 따라서 같은 착시 현상이 반복된다.

　다음의 그림 5를 보면 가운데에 있는 글자는 맥락에 따라 알파벳

B로도 보이고 숫자 13으로도 보인다. 이 **13-B 착시**는 숫자 언어와 알파벳 언어를 알고 있을 때, 하나의 자극에 대해서 두 가지 해석의 여지가 생기면서 예측이 교란된 상황이다. 즉, 앞서 말한 착시들 중 첫 번째에 해당하는 것으로, 대상 자체가 애매해서 일어나는 경우이다. 또한 숫자

그림 5 13, B 착시 문자

13을 표시했더라도 알파벳만 아는 사람에게는 13이 B로 보이는 것이 세 번째 형태의 착시이다(달이나 나무, 연기, 돌무더기 풍경에서 뜬금없이 사람 얼굴이 보이는 것도 이와 맥락이 비슷한 현상이다). 만약 숫자도 알파벳도 모르는 사람이라면 중간 글자는 어떤 문자도 아닌 그냥 알 수 없는 무늬 정도로 보일 것이다. 여기에는 어떤 착시도 없다. 이 부분이 바로 착시를 이해하는 핵심이다. 즉, 첫 번째와 세 번째 형태의 착시는 우리의 뇌에 이미 학습된 언어가 있을 때 발생한다. 학습의 형태가 꼭 언어나 숫자 같은 명시적인 것일 필요는 없다. 학습에는 그냥 보고, 듣고, 하고, 느끼는 형태의 것도 있을 수 있다.

사실 잠에서 깨어나 활동하는 과정만으로도 우리는 수많은 형태의 자연현상과 관련된 규칙(여기에서는 이를 '**자연언어**'라 부르기로 한다)을 학습한다. 그리고 뇌에서 확고하게 학습된 자연언어적인 지식은 관련된 자극에 무의식적이고 자동적으로 반응한다. 중력을 예로 들면, 우리는 날아오는 물체를 보면 그 물체가 어디쯤에 떨어질지를 의식적으로 계산하지 않고도 떨어지는 위치와 시간을 즉각적이고 자동적으로 정확히

예측하여 받을 준비를 할 수 있다. 또한 청력의 경우, 우리는 소리만 듣고도 그 소리가 어느 방향에서 나고 있으며, 어느 정도의 거리에서 나는지를 예측할 수 있고, 심지어 그 물체가 어디로 이동하고 있는지도 즉각적이고 자동적으로 예측할 수 있다.

시각도 마찬가지이다. 우리는 태어나 자라면서 자연에서 알게 모르게 수많은 종류의 시각과 관련된 자연언어 패턴을 경험하고 익힌다. 가장 대표적이고 불변적인 시각 관련 자연언어는 아마도 '빛은 위에서 아래로 비친다'일 것이다. 이는 우리가 항상 하늘에 떠 있는 태양을 경험하면서 자연스럽게 학습된 자연언어라 할 수 있다.

그림 6에서 볼록한 홈과 오목한 홈이 보일 것이다. 왜 이럴까? 왜 똑같은 그림을 뒤집었을 뿐인데 하나는 볼록하게, 또 다른 하나는 오목하게 느껴질까? 이 **올록-볼록 착시**는 아마도 우리의 뇌가 오랜 학습으로 굳어진 '빛은 위에서 비친다'라는 강력한 가정으로 시각 자극을 해석하기 때문일 것이다. 만약 그림자가 덜 생기게 조절한 뒤 조명을 볼록이와 오목이 아래쪽에서 위쪽으로 비춘다면, 우리는 강력하게 학습된 빛의 방향에 대한 자연언어에 따라 볼록이를

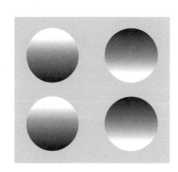

그림 6 올록-볼록 착시

오목이로, 오목이를 볼록이로 느끼는 착시를 경험하게 될 것이다.

다음 그림 7의 유명한 **애리조나 분화구 착시**도 같은 맥락에서 살펴볼 수 있다. 이 착시와 관련된 자연언어는 '항상 땅은 위가 아닌 바닥에

있다'이다. 이런 가정이 머릿속 무의식 단계에까지 학습된 우리의 뇌는 왼쪽 그림을 그냥 볼록한 산 같다고 해석하지, 땅이 뒤집어진 구덩이로 해석하지 않는다. 실제로 왼쪽 그림은 오른쪽의 원본 영상을 그냥 위아래로 뒤집은 영상이다.

그림 7 분화구 착시

그림 2의 아델슨 체크무늬도 마찬가지다. 이와 관련된 자연언어는 그림자 밝기이다. 뇌는 오랜 학습을 통해 그림자 속의 물체는 실제보다 어둡게 보인다는 자연언어를 터득한다. 나아가 뇌는 그림자 밑에 있는 물체의 밝기를 예측하고 지각하면서 그림자에 따라 물체가 어두워지는 정도를 고려하여 보정까지 해버린다. 따라서 아델슨 그림에서의 A 네모 영역과 B 네모 영역의 명도는 같지만 뇌가 그림자에 의한 밝기 영향을 미리 고려해서 명암을 예측하기 때문에 그림자 쪽에 있는 B의 네모 영역을 실제보다 더 밝게 지각하게 된다. 결론적으로, 그림자 안에 있는 B 네모는 그림자 밖에 있는 A 네모보다 더 밝게 보인다. 무의식적인 단계에서의 자동 보정 작용에 따라 발생하는 이 그림자 착시는 의식적으로나 이성적으로나 억제하기가 힘들기 때문에(집중하면 전혀 불가능한 것은

아니다), 그림자 예측 모델 자체가 교체되지 않는 이상 피할 수가 없다.

시각과 관련된 또 다른 강력한 자연언어는 **거리감**이다. 그림 8의 **에임즈 룸**(Ames room)이나 **두 책상 착시**는 거리감에 따라 발생하는 착시이다. 우리는 다양하게 축적된 거리 경험을 통해, 한쪽 눈만으로도 물체의 대략적인 상대거리를 파악할 수 있는 몇 가지 자연언어들을 학습했다(4장 3. 참조). 에임즈 룸은 이 중에서 **원근 단서**가 인위적으로 조작된 공간이다. 에임즈 룸에서 직사각형으로 반듯하게 보이는 바닥이나 벽, 창문 모양은 실제로는 심하게 찌그러진 사각형이다. 의자도 마찬가지이다. 에임즈 룸에서는 주변 공간이나 사물에서 **원근감**을 느끼지 않게 하려고 거리에 맞춰서 직사각형 모양을 일부러 왜곡했다. 이러한 에임즈 룸을 한쪽 눈으로만 보면 그림에서처럼 두 사람의 거리가 벌어진 것이 아닌 두 사람의 키가 다른 것으로 지각하는 착시를 경험하게 된다.

일반적인 자연환경에서는 이렇게 원근 단서들이 절묘하게 모두 왜곡되는 경우가 절대로 없으므로 뇌는 원근 단서가 잘못되었다기보다는 차라리 두 사람의 키가 다르다고 예측을 하게 된다. 실제로 그림 8의 에

그림 8 에임즈 룸과 두 책상 착시

임즈 룸에 서 있는 두 사람의 키는 비슷하다. 서로 바로 옆에 서 있는 것처럼 보이는 두 사람은 사실 앞뒤로 저 멀리 떨어져 있어 키가 달라 보이는 것이다.

두 책상 그림도 마찬가지이다. 믿기지 않겠지만 그림에서의 두 책상은 모양과 크기가 같다. 아무리 봐도 왼쪽은 직사각형 책상이고 오른쪽은 정사각형 책상인데 말이다. 이거야말로 눈 뜨고 코 베이는 상황이라 할 수 있겠다. 이것 역시 우리가 물체를 볼 때 거리감까지 강력하게 한데 묶어서 물체의 길이를 인식하기 때문에 일어나는 현상이다. 아델슨 착시와 마찬가지로, 두 책상의 착시는 우리 뇌가 원근감에 따라 멀리 있다고 인식하는 물체를, 그 거리 맥락을 감안하여 실제로 감각하는 것보다 좀 더 길게 지각하면서 일어나는 현상이다.

다음 그림 9의 **'숨은 삼각형'** 착시나 **데이비드 위더스**(David Widders)의 **'흐릿한 원'** 착시와 관련된 자연언어는 형태 인식이다. 자연환경에서 우리는 수많은 종류의 물체를 보면서 그와 동시에 물체의 형태를 예측하는 자연스러운 학습도 경험한다. '숨은 삼각형' 그림의 경우, 동시에 보이는 세 원에서의 귀퉁이 모양과 각도, 그리고 세 'ㅅ'에서의 위치와 각도는 세 개의 원과 한 개의 삼각형 위에 또 다른 삼각형이 올라왔을 때 관찰되는 형태와 일치한다. 그리고 지금까지의 경험상 '숨은 삼각형'에서와 같은 수준으로 형태에서의 규칙이 맞아떨어지는 경우, 뇌는 대부분 실제의 삼각형 물체를 경험해왔다. 따라서 뇌는 이런 자극을 그냥 우연의 일치로 해석하는 대신 있지도 않은 삼각형을 지각하게 된다.

데이비드 위더스의 '흐릿한 원' 착시는 **'동작 흐려짐**(motion blurring)'

그림 9 숨은 삼각형 착시와 데이비드 위더스의 흐릿한 원 착시

현상에 대한 반복된 경험 학습으로 발생한다(4장 4. 참조). 즉, 지금까지의 경험상 움직이는 물체는 동작 흐려짐 현상에 따라 항상 움직이는 방향 쪽으로 흐릿하게 보였으므로 우리의 뇌에는 '방향성을 가진 흐릿한물체=움직이는 물체'라는 공식이 박혀 있다. 그리고 이러한 학습 효과에 따라 데이비드 위더스의 흐릿한 원을 보면, 주변에 퍼져 있는 규칙적인 방향성을 가진 흐릿한 점들이 가운데 점을 기준으로 안팎으로 움직이는 것처럼 느낀다.

착시, 특히 자연언어 학습으로 발생하는 착시에서는 뇌의 불완전성이 아니라 뇌의 경이로움을 느껴야 하는지도 모르겠다. 왜냐하면 우리의 뇌가 주어진 시각 자극에 대해 우리에게 매번 자동적으로 가장 적합한 솔루션을 찾아서 제시해준다는 것을 착시에서 보여주기 때문이다. 뇌가 지금까지 축적된 경험에서 얻은 데이터베이스로 주어진 자극을 자동적이고 신속하게 탐색 작업을 하므로 우리는 물체를 조금이라도 빠르고 정확하게 인식할 수 있다. 만약 뇌에서 이런 작용이 일어나지 않는다면 우리는 같은 물체를 인식하는 데도 매번 신경을 써서 그때마다 모든 가능성을 열어놓고 대상을 다각도로 해석해야 할 것이다. 참으로 피곤하고 소모적이며 혼란스러운 일 아닌가. 착시는 이런 놀라운 뇌의 작용이 일어나는 과정에서 예외적으로 발생하는 부산물 같은 것이라 할 수 있겠다.

●● 세 문장 요약

① 실제와 지각 간의 불일치로 착각이 일어나며, 뇌는 스스로 예측 모델을 수정함으로써 이런 착각에서 벗어날 수 있다.

② 착시는 1) 실제 대상 자체가 애매하여 예측에 대한 수정 모델을 제시할 수가 없거나, 2) 감각단계에서의 신호가 왜곡, 훼손이 되어 뇌가 예측 모델을 수정할 수 없거나, 3) 자극환경이 지금까지 경험했던 자연환경과는 다르게 특별히 조작된 상황에서 일어난다.

③ 착각과 달리 착시에서는 예측 오류에 따른 예측 모델이 수정되지 않으므로 뇌는 계속 잘못된 예측을 내놓게 되며, 우리는 알면서도 착시를 계속 경험하게 된다.

참고 자료

• 제프 호킨스·산드라 블레이크슬리 지음, 이한음 옮김. 『생각하는 뇌 생각하는 기계』. 멘토르, 2010.

• 탐 스태포드·매트 웹 지음, 최호영 옮김. 『마인드 해킹』. 황금부엉이, 2006.

• http://www.michaelbach.de/ot/

덧붙임

1   빛의 세기를 나타내는 용어에는 여러 가지가 있다. 빛의 세기나 양을 표현하는 대표적인 물리량에는 광도(luminance intensity), 광속(luminance flux), 휘도(luminance), 조도(illumination, irradiance), 밝기(brightness), 명도(lightness)가 있다.

'**밝기**'는 인간이 '주관적'으로 느끼는 빛의 양이다. 쉽게 말해, 밝기는 그냥 우리가 물체를 보았을 때 느끼는 밝음 정도이다. 밝기는 주관적이기 때문에 다른 물리량보다 직관적이기는 하지만, 특정한 단위가 없고 아델슨 착시에서처럼 왜곡될 가능성도 있다. '**명도**'는 임의의 특정 기준에 따른 '상대적'인 빛의 양이다. 그 특정 기준을 어떻게 설정하느냐에 따라 명도가 같을지라도 물리적인 빛의 양이 달라질 수 있다. 따라서 특정한 크기의 같은 명도 값에 대응하는 실질적인 빛에 세기도 그때그때 다르다.

'**휘도**'는 관측자가 물체를 특정 방향에서 바라보았을 때 그 물체 표면에서의 빛의 양이며, 단위는 nt(니트, nit)이다. 휘도는 직사광과 반사광에 의한 물체 표면에서의 빛을 모두 포함하는 종합적인 공간 밝기 정도로 표현할 수 있을 듯하다. '**조도**'는 광원으로부터 단위면적의 대상 물체 표면에 도달하는 빛의 양이다. 단위가 lx(럭스, Lux)인 조도는 광원과 함께 광원과 물체 사이의 거리까지 고려되어 정의한다. 촛불에서 발하는 빛의 총량은 달에서 반사되는 빛의 총량에 비하면 보잘것없지만, 눈앞에 있는 촛불의 조도는 저 멀리 있는 달의 조도보다 높을 수 있다.

'**광속**'은 광원에서 나오는 '빛의 총량'이다. 단위는 lm(루멘, lumen)이며 광원만으로 정의한다. 앞에서 언급한 조도의 크기는 광속의 크기를 물체와 광원과의 거리제곱으로 나눈 값으로 정의한다. '**광도**'는 광원으로부터 '특정 방향으로의 단위 입체각(solid angle)에 방사하는 빛의 총량'으로, 단위는 cd(칸델라, Candela)이다. 백열등처럼 완전한 점광원이 아닌 일반적인 광원에서 방사하는 빛은 모든 방향으로 균일하지 않고 방향에 따라 다른데, 여기서의 특정 방향은 이런 광원의 방향에 따른 빛의 양이 불균일한 특성을 고려한 것이다. 앞의 휘도 값은 광도를 물체와 광원과의 거리제곱으로 나눈 값으로 산출된다. 광도의 또 다른 단위인 촉광은 촛불 한 개에서 방사하는 빛의 총량으로 그 크기는 1cd와 거의 같다.

3.
왜 우리는 황금비에서
아름다움을 느낄까?

황금비는 한 선분을 두 부분으로 나누었을 때, 전체와 긴 부분의 길이 비율이 긴 부분과 짧은 부분의 길이 비율과 같은 비율을 말한다. 그림 10을 보면 a/b=(a+b)/a일 때 황금비는 a/b가 되며, 그 비는 대략 1.618이다. 황금비에 대한 정확한 값은 2차 방정식에서의 근의 공식으로 쉽게 유도되며, $(1+\sqrt{5})/2$인 무리수이다.

원주율이 π(파이, Pi)라는 별도의 기호가 있듯이, 황금비도 이를 지칭하는 그리스 문자를 따로 배정받아 φ(파이, Phi)로 표기한다. 이렇듯 별도의 그리스 문자 기호가 있고 그 좋다는 황금까지 이름에 붙였으니, 이 비에는 뭔가 특별한 게 있으리라 기대해볼 수 있다. 실제로 황금비는 수학적으로 제법 흥미로운 상수이다. 황금비는 앞에서 말한 방식과는 전혀 다른 방법으로도 유도할 수 있기 때문이다.

예를 들어 황금비는 **피보나치 수열**(Fibonacci Sequence)에도 숨어

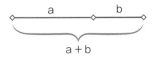

그림 10　황금비를 표현하는 선분

있다. 피보나치 수열은 1로 시작해서 앞의 두 수의 합으로 이루어진 수열(1, 1, 2, 3, 5, 8, 13…)로 자연계의 동·식물에도 관찰되고, 몇 가지 재미있는 성질이 있는 등 보편적이면서도 여러모로 흥미롭다. 그리고 이 수열의 끝수와, 끝 앞에 수의 비가 황금비로 수렴된다. 그밖에도 황금비는 정오각형이나 연분수에도 발견되는 등, 수학적으로 의미 있는 상수임에 분명하다. 하지만 보통 사람들에게 황금비는 수학적인 것보다 아름다움과 관련된 숫자로 각인되어 있다.

아름다움은 지극히 주관적이다. 정해진 답도 없다. 그렇기 때문에 어떤 것에 대해 그것이 아름다운지와 추한지에 논쟁을 벌이는 것은 무의미하고 우스운 일이다. 그냥 아름다우면 아름다운 것이고, 추하면 추한 것으로 끝이다. 그럼에도 만인이 대상을 아름답게 하는 구성비로 황금비를 인식하고 받아들이고 있다. 이는 정말이지, 대단한 일이라 할 수 있다. 실제로 황금비를 아름다움과 연결하여 설명하는 문헌은 수도 없이 많다. 고대 건축물에서 그림, 인체, 또는 가구 배치나 구성, 일상 용품까지, 심지어 각도나 음악에도 황금비가 관찰된다고 한다(참고로 믹스커피의 황금비는 실제 비가 1.618이 아닌, 단순한 언어 유희다). 즉, 통념상 황금비가 대상을 아름답게 한다는 것은 이미 기정사실이고, 나아가 세상에서 가장 아름답고 완전하며 참된 숫자라고까지 예찬하기도 한다. 이쯤

되면 "황금비는 아름답다"가 아니라 "황금비가 곧 아름다움이다"인 것은 아닌지 헷갈릴 정도이다. 다만 아쉬운 것은 황금비와 아름다움을 관련지은 문헌이 수많은 반면, 왜 그런지에 대해서 고찰하고 분석한 문헌은 찾아보기 어렵다는 점이다.

그렇다면 여기에서 왜 그렇게 느끼는지를 한번 고찰해보자. 왜 우리는 황금비에서 아름다움을 느낄까? 결론적으로 말하면, "우리의 뇌는 우연의 일치로 설명해야 하는 상황을 혐오하고 있다"는 것과 관련이 있는 듯하다. 자칫 뚱딴지같은 소리로 들릴 것 같으니 얼른 자세한 설명이 있는 다음 문단으로 넘어가기를 바란다.

뇌의 작용에 대해 참신한 통찰을 시도했던 천재 뇌과학자 라마찬드란(G. N. Ramachandran) 박사는 여러 저서에서 뇌의 작용을 이해하는 다양하고도 새로운 관점들을 제시했다. 특히 그는 저서 『명령하는 뇌, 착각하는 뇌』에서, 뇌가 특정 대상으로부터 아름다움을 느끼는 데 대한 어떤 보편적인 원리가 있음을 주장했다.

아름다움을 느끼는 데에는 문화나 개인적인 취향 같은 특수성이 물론 있지만, 예술 감각의 10퍼센트 정도는 모든 사람의 뇌에 일반적으로 적용되는 보편적인 원리에 따른 것이라고 그는 가정했다. 그러니까 어떤 작품이나 대상에서 아름다움을 느낄 가능성을 높여주는 어떤 특정한 조건 같은 것이 있다는 뜻이다. 그는 아름다움을 느끼게 하는 그 보편적 조건 원리로 다음과 같이 열 가지를 제시했다. 1) 피크 이동, 2) 그룹 짓기, 3) 대조, 4) 격리, 5) 지각 문제해결, 6) 대칭, 7) **우연의 일치에 대한 혐오**, 8) 반복, 리듬, 질서, 9) 균형, 10) 은유이다. 혹시 이 압축적인 핵심어의 의미를 제대로 이해하고 싶다면 그의 저서를 읽어보기를 바란다.

위의 열 가지 원리 가운데 이글의 내용과 관련 있는 것은 '7) 우연의 일치에 대한 혐오'이다. 좀 더 쉽게 풀어 쓰면, '우리는 우연의 일치가 느껴지지 않는 대상에게서 아름다움을 느낀다'이다. 왜 그런지를 좀 더 자세히 설명하면 다음과 같다.

우리의 뇌는 일어날 일이 거의 없는 우연적인 상황을 접하면 곧이 곧대로 우연의 일치에 따른 결과로 해석하지 않는다. 오히려 그런 우연적인 상황을 자신이 놓치고 있는 무언가에 의한 착오의 결과로 해석한다. 왜냐하면 뇌는 그런 희박한 우연의 일치가 일어나는 상황보다는, 자신이 무언가를 잘못 알아서 착각하는 상황이 더 흔하고 더 개연성이 있어 보이기 때문이다. 따라서 우연적인 상황을 접한 뇌는, 먼저 자신이 혹시 모르거나 놓친 것이 있는지를 탐색하고 다시 점검해서 이 현상을 어떻게든 합리적으로 설명하려고 시도할 것이다.

사람은 상황을 통제하고 싶어 하고, 상황을 통제하려면 예측할 수 있어야 하며, 예측하려면 관련된 현상을 설명할 수 있어야 한다. 그렇게 현상을 설명해서 상황을 예측할 수 있게끔 하는 것이 뇌가 하는 일이다. 우연적으로 보이는 상황을 접한 뇌가 그렇게라도 해서 몰랐거나 놓쳤던 규칙을 찾아내서 현상을 해석하게 되면 더할 나위 없이 즐거울 것이다. 그러나 적절한 해석을 내리는 데 실패해서 그 현상을 예측이나 통제를 할 수 없는 우연의 일치로 생각할 수밖에 없는 상황을 뇌는 불편해한다. 결론적으로, 뇌가 우연의 일치를 접했다는 것은 예측이나 통제가 불가능한 뜻하지 않은 신경거리를 만났다는 뜻이므로, 우리의 뇌는 일어날 일이 거의 없는 우연적인 상황에서 혐오감을 느끼게 된다. 반면, 예측 가능한 범위 안에 있는 포괄적이고 일상적인 대상이나 현상에서 뇌는 안정감과 편안함을 느끼게 되며, 이는 우리가 아름다움을 느끼는 데 어떤 역할을 할 수 있다.

라마찬드란 박사는 이런 우연의 일치에 대한 예로, 들판 한가운데 나무 한 그루가 있는 풍경 그림을 들었다. 즉, 하필이면 들판 한가운데 나무가 있는 풍경은 있음 직하거나 자연스럽지도 않으므로, 그의 직관에 따르면 이 그림을 해석하기 위해 뇌는 우연의 일치라는 마지막 카드를 쓰게 된다. 반면, 들판 한가운데에서 약간 벗어난 위치에 나무가 자리 잡은 풍경 그림에서는 그럴 필요가 없다. 비켜선 위치는 한가운데보다는 포괄적인 위치이므로 뇌는 그 풍경을 자연스럽고 그럴 수 있는 일반적인 상황으로 해석하기 때문이다. 그리고 뇌는 이런 자극에서 편안함과 안정감을 느끼며, 이것을 우리는 아름다움과 연결하여 받아들인다는 것이다.

이 놀라운 통찰을 바탕으로, 과연 나무가 위치하기에 가장 자연스럽고 가장 있음 직하게 느낄 만한 비켜선 자리는 어디인가? 그 위치를 표현하는 상수야말로 우리에게 최고의 편안함과 안정감을 주는 아름다움의 정수(精髓)라 할 수 있다. 그 위치를 간단한 수식으로 추측한다면, 먼저 풍경에서 나무가 실제로 있는 위치를 **정규분포**(normal distribution, 또는 **가우시안 분포**Gaussian distribution)의 형태로 가정하기로 한다. 정규분포는 통계학 분야에서 약방의 감초 같은 존재라 할 만큼 대부분의 통계기법에서 빠지지 않고 등장하는 수학적인 모델이다.

우리는 동전 던지기 사고 실험을 통해서 쉽게 정규분포의 형태를 직관할 수 있다. 즉, 정규분포는 동전을 무한대, 또는 충분히 많은 횟수로 던졌을 때 앞면(또는 뒷면)이 나온 횟수에 대한 확률분포 정도로 이해하면 될 듯하다. 아마도 정규분포상의 확률 값은 동전을 던진 총횟수의 절반일 때가 가장 클 것이고, 그 횟수보다 많거나 적은 횟수로 갈수록 그 확률은 점점 떨어질 것이다. 그리고 모두 앞면이 나오거나 앞면이 한 번도 나오지 않을 확률은 0에 가까운 아주 작은 값일 것이다.

이렇듯 정규분포는 자연 보편적인 상황에 대한 것이므로 여러 자연현상을 설명하는 데 응용할 수 있으며, 실제로 자연과학 데이터를 분석하는 데 많이 적용한다. 따라서 자연을 담은 그림에서의 나무 위치를 정규분포로 가정하는 것은 별로 임의적이지 않다고 할 수 있다.

결론적으로, 정규분포 모델에 따라 나무는 그림 11의 파란색 영역에서처럼 한가운데 위치할 가능성이 가장 높다. 다만, 한가운데는 그 공간에서 단 하나밖에 없는 아주 특별한 위치다. 즉, **개연성**이 떨어지는 위치이다. 반면, 한가운데에서 약간 벗어난 위치는 한가운데보다 덜 특별한, 그래서 개연성이 더 높고 포괄적인 일반적인 위치다.

그림 11의 빨간색 영역은 그림에서의 나무 위치에 대한 개연성 정도를 표시한 것이다. 그림에서 단 한 곳밖에 없는 한가운데 위치와 양끝 모서리에서의 개연성 값을 1로 할 수 있다. 문제는 그 사이 위치에서의 개연성 값일 텐데, 그 값은 한가운데 위치와 모서리 위치를 기준으로 둘 중 한쪽으로 누적하는 방식으로 구했다. 그러니까 한가운데에서 일

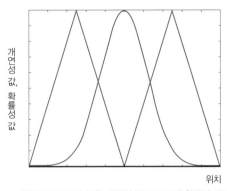

그림 11　위치별로 나무가 있을 개연성 값(빨간색)과 확률성 값(파란색)

정 부분 떨어진 위치에서의 개연성은 그 위치 자체에 대한 개연성뿐만 아니라, 그 위치 안쪽 전체까지 포함하는 공간에 대한 개연성으로 간주한다. 즉, 한가운데 위치에서의 개연성 값은 1인데, 한가운데에서 1만큼 벗어난 위치에서의 개연성 값은 그 위치에서의 개연성 값 1에다가 그 위치의 안쪽인 한가운데 위치에서의 개연성 값 1을 더한 2로 설정할 수 있다. 같은 방법으로 해서 가운데에서 2만큼 벗어난 위치는 그 위치 안쪽으로 들어오는 지점에 대한 개연성 값인 (1+1)+1=3이 된다. 가운데와 별개로 모서리에서도 같은 방식으로 진행한다. 그러니까 모서리 끝에서의 개연성 값은 1, 모서리에서 1만큼 들어온 위치에서의 개연성 값은 1+1인 2로, 2만큼 들어온 위치에서의 개연성 값은 (1+1)+1=3. 이런 식으로 양끝에서 개연성 값 계산을 진행하다 보면 모서리와 가운데의 정확히 중간 위치에서 두 값이 만난다. 이 모델링에 대한 설명은 참으로 이해하기 힘든데, 위치별 개연성 값에 대한 최종적인 결과 값은 빨간색 영역에서 보이듯 그저 좌우 양쪽에 1개씩 있는 삼각형 형태이다.

그림 11을 다시 보면, 그래프의 파란색 영역에서 한가운데에 나무가 존재하기란 확률적으로 가장 높지만, 빨간색 영역에서 한가운데는 개연성 면에서 가장 떨어지는 위치이다. 한가운데에서 적당히 벗어난 위치는 나무가 존재하기에 확률적으로는 한가운데보다는 낮지만, 개연성 면에서는 훨씬 높은 위치이다. 지금 우리가 찾으려는 것은 **확률성**과 개연성을 모두 고려한, 나무가 가장 있음 직한 자연스러운 위치이다. 따라서 그런 **자연성** 정도를 정량화하기 위해 파란색의 확률성 값에다 빨간색의 개연성 값을 단순 가중치한 자연성 값을 구했다.

이렇게 단순한 접근이 아주 터무니없지 않다면 자연성 값이 최대인 위치가 우리가 찾으려는, 그림에서 나무가 가장 있음 직한 위치가 된다. 그에 따라 그림 12로 그 결과를 나타냈다. 그래프에서 자연성 값이 최대인 위치를 기준으로 양쪽 모서리까지의 길이를 각각 a와 b로 했을 때, a와 b의 비(이를 '아름다움 비'라고 하자)는 1.1618인 황금비와 거의 유사한 값이다. 자연성이 가장 높은 위치에서 우리의 뇌는 편안함과 안

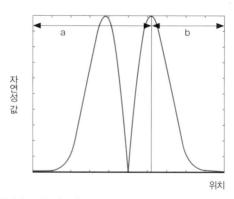

그림 12 위치별로 나무가 있을 개연성 값과 확률성 값을 반영한 자연성 값 그래프

정감을 느낀다고 했는데, 이는 황금비를 지닌 대상이 우리에게 주는 느낌과도 일맥상통한다.

그러나 정규분포를 조금이라도 아는 사람이라면 이런 접근 방식에서 이상한 점을 하나 발견할 수 있을 것이다. 즉, 이 접근에서는 정규분포 모델을 사용할 때 언급해야 하지만 언급되지 않은 사항이 하나 있는데, 바로 편차이다. 아무리 단순한 모델이라 할지라도 정규분포 모델에는 변수가 두 가지 있는데, 하나는 평균이고 또 하나는 편차이다. 그림에서의 나무 위치에 대한 평균은 그냥 가운데 위치로 하는 것이 마땅하지만, 문제는 편차이다. 모든 정규분포 모델은 평균 값과 편차 값으로 표현할 수 있다. 바꾸어 말하면 정규분포 모델은 편차 값 설정을 어떻게 하느냐에 따라서 그 형태가 바뀐다. 이 경우 평균과는 달리 편차에 특별히 기준이 되는 값을 설정할 수 없다. 편차 값을 어떻게 하느냐에 따라서 '**아름다움 비**'는 최소 1이 되기도, 최대 3이 되기도 한다. 사실을 말하자면, 그림 12는 정규분포에서 편차 값을 '아름다움 비'의 계산 결과가 황금비로 나오게끔 설정해놓은 것이다.

그렇다면 황금비에서 비롯된 아름다움의 원천을 이해하기 위한 이런 접근이 완전히 잘못된 것일까? 그렇게 생각하지는 않는다. 아름다움은 확률성과 개연성으로 유도되는 대상의 자연성 특성에 따라 결정된다고 제안했는데, 수많은 대상에서의 자연성 특성이 모두 같을 수는 없다. 따라서 어떤 대상에 대한 아름다움과 관련된 비, 또는 평균이나 편차 특성은 하나로 고정된 것이 아니라 그 대상의 특성에 맞게 각각 독립적으로 결정되어야 할 것이다.

양궁에서의 화살 과녁을 예로 들어보자. 국가대표 선수가 쏜 화살이 연달아 과녁의 9점 원 안에 꽂히는 것을 목격한 우리의 뇌는 그 상황을 이상하거나 불편하게 생각하지 않을 것이다. 그러나 활을 처음 잡아봤다는 일반인이 쏜 화살이 연달아 9점 원 안에 꽂히면 상황은 달라진다. 이 상황을 목격한 우리의 뇌는 어떤 위화감이나 불편함을 느끼면서 (물론 이 불편함이 시기심에 배알이 꼬인다는 식의 불편한 심기를 의미하는 것은 아니다), 이 현상을 설명하고 해석해야 하는 대상으로 여기게 된다.

반면, 초보자가 쏜 화살이 과녁의 1점 원 안에 꽂혔다면 우리는 별로 이상하게 느끼지 않을 것이다. 반대로 이번에는 국가대표가 쏜 화살이 과녁의 1점에 꽂혔다면 뇌는 이를 설명이 필요한 특별한 상황으로 받아들이고 분석에 돌입한다. 예컨대 실수를 한 것은 아닌지, 바람이 갑자기 분 것은 아닌지 등등⋯⋯. 즉, 우리는 국가대표가 쏜 화살과 초보자가 쏜 화살에 대해 과녁에 꽂히는 위치의 값이나 편차를 다르게 예측한다. 따라서 이 둘 사이에 우리의 뇌가 지니고 있는 '자연성 값'의 모델도 다르며, 이 둘 사이에 아름다움과 관련된 자연성 값도 다른 것이다.

결론적으로, 모든 자연 대상에는 각자의 자연성 모델이 있으므로, 황금비처럼 모든 대상에 통하는 아름다움 비가 있다는 것 자체가 무리수이다. 그런 것은 존재하지 않고, 존재할 수도 없다. 지금까지 황금비에서 아름다움을 느꼈다면, 이는 황금비가 적용된 대상들이 지닌 자연성 특성에서의 아름다움 비가 우연히 황금비에 가까운 것일 가능성이 크다.

❶ 우리는 황금비에서 아름다움을 느낀다.

❷ 우리는 우연의 일치가 느껴지지 않는 대상에서 아름다움을 느
낀다.

❸ ①의 이유는 그 비가 우연히 ②에서 나온 비와 유사하기 때문
이다.

참고 자료
• 라마찬드 지음, 박방주 옮김. 『명령하는 뇌, 착각하는 뇌』. 알키, 2012.
• 알프레드 포사멘티어 외 지음, 김준열 옮김. 『피보나치 넘버스』. 늘봄출판사, 2010.

4.
왜 우리는 꿈꿀 때
눈동자를 움직일까?

　모든 생물이 그렇듯, 살아 있는 인간의 거의 모든 세포는 수시로
영양분과 산소를 공급받아야 한다. 그렇지 않으면 제 기능을 발휘하지
못할뿐더러, 사멸할 수도 있다. 그리고 이 영양소와 산소를 몸 구석구석
세포에 공급하는 역할을 혈관이 하고 있다. 실제로 혈관은 온몸에 걸쳐
분포하고 있으며, 심지어 뼈 속에도 있다. 아, 몸에 혈관이 존재하지 않
는 부위가 있기는 하다. 다름 아닌 머리카락, 털, 손톱, 발톱으로 이 부
위들을 잘라내도 피가 나지 않는다. 이 부위들은 뿌리에만 혈관이 지나
갈 뿐이며, 우리 신체 가운데 주로 외부 사물에 접하면서 긁히고, 긁고,
쪼개야 하는 등 거칠게 다뤄진다. 그래도 이런 부위는 평생 재생이 되므
로, 비록 거칠게 다뤄져 보기에는 안 좋을지언정 기능면에서는 크게 문
제되지 않는다.

　머리카락, 털, 손톱, 발톱 말고도 혈관이 지나가지 않는 의외의 신

체 부위가 있다. 바로 **각막**이다. 빛이 들어가는 눈의 입구 각막은 한없이 깨끗하고 안전하게 보호해야 할 부위이지만, 역설적이게도 그렇기 때문에 혈관이 없다. 빛을 받아들이는 각막에는 혈관조차 거추장스럽기 때문이다. 게다가 각막에는 재생되지 않거나 재생이 극히 제한적인 층이 있어 아마 우리 몸 가운데 가장 철저히 보호해야 할 신체 부위가 아닌가 싶다. 실제로 각막은 일차적으로 외부 이물질의 침입을 막는 눈꺼풀과 속눈썹에 의해 보호받고 있다. 그럼에도 어쩌다가 들어간 미세한 이물질에 각막은 대단히 민감하게 반응한다.

죽은 세포들로 구성된 머리카락이나 손발톱과는 달리, 살아 있는 세포층이 있는 각막에는 영양분과 산소가 꾸준히 공급되어야만 한다. 그러나 혈관이 없고 이렇듯 특별하게 관리되고 보호받는 각막은 어디에서 어떻게 영양분과 산소를 공급받을까? 결론적으로, 각막은 각막과 **수정체** 사이에 있는 (전)방수에서 영양분을 받으며, 또한 눈물에서도 영양분과 산소를 공급받는다. 사실 이 글은 '눈물이 각막의 유일한 에너지원'이라는 그릇된 정보에서 떠오른 생각이 있어 쓰기 시작했는데, 확인 결과 유감스럽게도 눈물은 각막의 유일한 영양분 공급원이 아니었다. 하지만 좀 더 확인한 결과, 다행히도 경우에 따라 눈물이 각막의 유일한 영양 공급원이라는 말이 아주 틀리지 않았음을 알 수 있었다.

각막을 이루는 5개의 **각막층**에서 세포로 이루어진 층은 2개이다. 하나는 각막의 가장 바깥층인 각막 상피층, 또 다른 하나는 각막의 가장 안쪽 층인 각막 내피층이다. 두 막 사이에는 상대적으로 두꺼운 섬유조직이 있어 두 막 사이의 물질 교류는 제한적일 수밖에 없다. 따라서 눈물이 각막의 유일한 영양분 공급원은 아니지만, 각막 중에서 각막 상피층 세포는 영양분을 눈물에서만 공급받는다 할 수 있다(같은 이유로 방수는 각막 내피층 세포의 유일한 영양분 공급원이다). 아울러 눈물에 일부 포함된 염분과 지질은 각막 상피층(이하 각막=각막 상피층)에 멸균작용과 먼지, 분비물, 이물질 제거 작용을 한다. 따라서 눈물이 각막에 제대로 공급되지 않으면 각막의 멸균작용과 산소-영양분 공급에 문제가 발생한다. 이는 안구 건조증이나 콘택트렌즈가 각막을 해칠 수 있는 이유이기도 하다.

그림 13과 함께 **눈물**에 대해 좀 더 알아보면, 눈물은 **눈물샘**이 있는 눈 바깥 위쪽에서 분비되어 눈물주머니가 있는 눈 아래 안쪽으로 흐르듯이 전달된다. 눈물은 늘 분비가 되며, 안구 움직임과 눈 깜빡임으로 각막 전체에 골고루 퍼진다. 이렇게 각막에 묻은 눈물은 세균들로부터 각막을 보호하고 각막에 산소와 영양분을 공급한다. 즉, 눈물이 정상적으로 각막에 영양분을 공급하고 멸균작용을 하려면 계속 분비되어야 하며, 동시에 안구도 계속 움직여야만 한다.

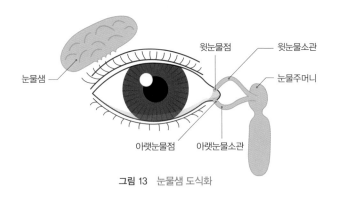

그림 13 눈물샘 도식화

깨어 있는 낮에는 눈물이 각막에 제 역할을 하기에는 특별히 문제될 것이 없다. 낮에는 주로 일어서 있고, 또한 뭔가를 보는 과정에서 의도적이든 습관적이든 반사적이든 수시로 눈을 깜빡이고 눈알을 굴리기 때문이다. 그러나 밤사이 자는 시간에는 눈물이 제 역할을 하는 데 문제가 발생할 수 있다. 밤에 잘 때는 주로 하늘을 보고 누운 상태로 있고, 의도적이든 습관적이든 수시로 눈을 깜빡이거나 안구를 움직일 수가 없기 때문이다.

각막 세포는 손상되더라도 여느 상피세포들처럼 일주일 정도 지나면 자연 재생이 된다. 그렇다 할지라도 수면으로 각막에 영양분과 산소가 장시간 공급되지 않는 상황에서 각막 세포가 손상된다고 가정해보자(아쉽게도 이 시간과 관련된 연구 자료는 없는 듯하다. 참고로, 뇌세포는 몇 분 정도이고 근육세포는 몇 시간 정도이다). 이 경우, 잠자는 시간 동안 각막 세포가 손상되는 것을 막기 위해 밤 동안 눈알이 무의식적으로라도 주기적으로 움직일 필요가 있다는 결론에 도달하게 된다. 그리고 그런 이유에서인지 아니면 우연에서인지, 우리의 눈알은 실제로 잠자는 밤 시간 동안 주기적으로 무의식적인 움직임을 보이는데, 다름 아닌 **REM**(rapid eye movement, 빠른 안구운동)이다. REM은 수면 중에 주기적으로 눈이 위아래 좌우로 빙그르르 움직이는 현상이다. 그리고 **REM 수면**(rapid eye movement sleep)은 REM에 따라 구분되는 수면의 한 단계이다. 그렇다면 REM 수면의 역할이 각막 보호와 어떤 상관성이 있지 않을까? 아직까지 REM 수면이 왜 일어나고 무슨 역할을 하는지에 대한 정설은 없다. 다만, 일반적으로 REM 수면을 **꿈**의 작용이나 신경계의 안정화,

또는 기억된 정보를 정리하거나 주의력을 회복하는 과정 등과 관련된 작용으로 보고 있다.

여기에서 필자는 약간 뜬금없이 보이겠지만, 수면 중에 발생하는 이 REM 현상이 눈물 작용과 관련 있을 가능성을 제기하고자 한다. 즉, REM의 역할은 수면 중에 주기적으로 각막에 영양분과 산소를 공급하여 밤 동안 일어날 수도 있는 각막의 손상을 막는다는 것이다.

첫째 근거는 앞서 말했듯이, 눈물을 통해 각막에 영양분을 끊임없이 공급하려면 수면 중에도 눈동자가 주기적으로 계속 움직여야 한다는 점이다. REM 수면 중에 일어나는 안구의 움직임은 실로 낯설다 할 수 있다. 사람은 분명히 의식도 없이 자고 있는데, 눈동자는 마치 혼자 깨어 있기라도 하듯 이리저리 움직이니 말이다(의외로 이런 현상을 관찰해 본 사람은 별로 없는 듯하다. 누군가와 같이 잔다면 오늘이라도 당장 확인해보라).

숙면 중인 평균 8시간 동안 인간에게는 비자발적으로, 자동적으로, 주기적으로 움직이는 근육이 딱 3가지 있다. 호흡 관련 근육, 귀속 근육, 그리고 안구 움직임 근육이다. 수면 중의 안구 움직임에는 호흡만큼은 아니더라도 그에 버금가는 수준의 이유가 있어야 할 것만 같다. 기이하고 특별해 보이기까지 하는 REM 수면 현상은 적어도 수면 중에 방치될 수도 있는 각막을 보호하는 측면에서 대단히 효과가 있어 보인다.

아침에 잠에서 깨어 간혹 눈이 뻑뻑하여 눈 뜨기가 거북한 것도 기상시간이 REM 수면 주기와 틀어져서인지도 모르겠다. 두 주기가 틀어지면 깨어나는 순간에 눈의 각막에 산소나 영양분이 부족한 상태일 수도 있기 때문이다. 경험에서 볼 때, 이런 경우 일부러 하품을 한다거나 눈을 감고 REM 수면 때처럼 눈알을 이리저리 몇 번 굴리고 나면 눈 뜨기가 제법 수월해진다.

눈물과 REM 수면과의 상관성에 대한 두 번째 근거는 대체로 REM 수면이 있는 동물은 눈물샘이 있고, 그 반대도 성립하는 듯하다는 점이다. 즉, 종합적으로 정리된 자료는 찾을 수 없었지만 포유류는 일반적으로 눈물샘이 있어 눈물을 분비하는 듯하고, 또한 대체로 REM 수면이 나타나는 듯하다. 조류 대부분은 눈물샘이 있고 REM 수면을 하는 종도 있다. 파충류에는 눈물샘이 없는 종이 많으며 아는 바로는 REM 수면을 하는 종은 없다. 고래는 어떨까? 고래는 포유류이긴 하지만 물속에서 살고 있어 눈꺼풀과 눈썹의 역할이 한정적일 수밖에 없다. 실제로 고래의 두꺼운 눈꺼풀은 깨어 있을 때에는 별로 소용이 없다. 고래는 반쪽짜리 잠을 잘 때 외에는 눈 깜빡임도 거의 없이 항상 눈을 뜨고 있기 때문이다. 눈물도 마찬가지이다. 고래 같은 수생 포유류는 눈물관이 없고 눈물도 육상 포유류와는 다른 형태이다.

이 수생 포유류에는 REM 수면도 거의 보이지 않는다. 수생 포유류가 **NREM 수면**(non-rapid eye movement sleep, **REM 상태가 아닌 수면**)만을 취하는 이유를 숨 참기와 연관시켜 생각해볼 수도 있다. 그러니까 REM 수면 상태에서는 숨을 참는 상태를 유지할 수가 없어 NREM 수면만을 취한다는 식의 설명 말이다. 실제로 이 수생 포유류도 뭍에서 생활할 때는 REM 수면으로 바뀐다고 한다. 그러나 깊은 수면 상태인 NREM 수면 때에도 문제없던 숨 참기가 얕은 수면 상태인 REM 수면 때에는 문제를 일으킬 것이라고 가정하려면 뭔가 추가적인 설명이 필요할 것이다.

어찌 되었든 포유류이기는 하지만 눈물관이 없는 고래에게는 REM 수면도 없다. 이렇듯 REM 수면 유무와 눈물샘 상태가 어느 정도 상관성을 보이는 것은 REM 수면이 눈물의 작용과 어떤 관련이 있음을 암시하는 듯하다.

세 번째 근거는 그림 14에서와 같은 수면 중의 REM 주기다. 수면은 뇌파의 주파수 패턴을 기준으로 대략 주기가 90분이며, REM 수면 역시 그러하다. 수면 시간이 평균 8시간이라면 우리는 하룻밤 사이에 4~5번의 REM 수면을 경험하게 된다. 또 **수면 주기**마다 REM 수면 시간은 일정하지 않으며, 횟수를 거듭할수록 늘어난다. 즉, 첫 번째 수면 주기 때의 REM 수면은 십몇 분 정도인 반면, 주기가 진행될수록 REM 수면은 계속 늘어나 마지막의 REM 수면은 대략 30분이 넘는다.

REM 수면 주기를 좀 더 살펴보기에 앞서, 수면 주기 자체에 대해 의문을 제기해볼 필요가 있을 듯하다. 왜 수면은 주기를 가지는가? 만약, 수면의 역할이 휴식이나 면역이나 또는 학습, 기억 같은 뇌 기능과 관련 있다면 수면에 특별한 주기가 있을 필요는 없지 않을까? 처음 수

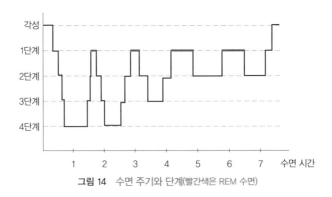

그림 14 수면 주기와 단계(빨간색은 REM 수면)

면 상태로 들어가 계속 한 상태를 유지하거나 또는 한 주기 정도의 상태 변화를 거친 뒤 깨어날 쯤에 각성 상태로 돌아오는 형태가 더 자연스러워 보인다. 어쩌면 수면 주기가 각막에 눈물이 마르는 주기와 관련 있는 것은 아닐까? 다시 말해 REM 수면이 일어나는 간격이 수면 중 각막에서 눈물이 말라 영양분이나 산소가 부족하다고 아우성칠 때쯤의 간격과 유사하지 않을까 하는 뜻이다. 유감스럽게도 이에 대한 실험 자료 또한 없는 듯하다. 만약 수면 중 각막에 산소 용존도나 영양분 상태가 REM 수면 주기와 어떤 상관성이 실제로 있다면 이 설명은 어느 정도 설득력이 있을 듯하다.

REM 수면 주기 이야기로 돌아가자. 앞서 말했듯이 첫 번째 주기에서의 REM 수면은 다른 주기에서의 REM 수면보다 늦게 시작해서 빨리 끝나며, 주기가 진행될수록 점점 빨리 시작해서 오랫동안 지속된다. 이제 막 눈을 감고 누워서 수면 주기에 돌입한 시점, 각막에는 그전까지의 지속적인 안구 움직임으로 눈물에서 받은 영양분이나 산소가 충분히 녹아 있을 것이다. 이는 수영하기 직전에 수영선수의 혈액 상태에 비유할 수 있다. 수면 상태가 깊으면 의식적으로 눈알을 움직일 수 없으므로 각막 세포는 주로 각막에 녹아 있는 용존 물질에서 영양분을 공급받아야 한다. 이는 수영하고 있는 수영선수의 혈액 상태에 비유할 수 있다. 반면, REM 수면 상태라면 수면 중임에도 각막에 영양분이나 산소가 어느 정도 공급되는 상태이다. 이는 수영 중 잠깐 휴식을 취하고 있는 수영선수의 혈액 상태에 비유할 수 있다.

다시 말해, 수영 전(각성 상태), 수영 중(NREM 수면), 수영 중 잠깐 휴식(REM 수면)이라 할 수 있다. 수영선수 입장에서 보면, 첫 번째 수영은 가장 편하면서도 가장 오랫동안 할 수 있을 것이다. 반면, 수영과 짧은 휴식이 반복될수록 수영선수는 서서히 지쳐 수영이 점점 힘들어지고 휴식 시간은 더 많이 필요해지며, 할 수 있는 수영 시간은 점점 짧아질 것이다. 이런 모양새는 수면 중의 REM 수면 주기의 양상과 비슷해 보인다. 즉, REM 수면을 밤사이 각막에 눈물을 공급하기 위한 것으로 보면, 수면 주기와 REM 수면 주기의 양상도 자연스럽게 설명될 것이다.

●● 세 문장 요약

❶ 눈물은 각막 상피층 세포에 주요 영양분과 산소 공급처이며, 밤에도 원활한 공급을 하려면 안구가 주기적으로 움직여야 한다.

❷ 첫째, 수면 중 REM 수면은 밤사이 안구를 주기적으로 움직이게 하고, 둘째, 동물이 눈물을 흘리는지의 유무는 REM 수면이 있는지 유무와 일치하는 듯하며, 셋째, REM 수면 주기는 각막에 눈물이 필요한 주기와 일치할 여지가 있다.

❸ REM 수면은 의식적인 안구 움직임이 불가능한 수면 상태에서, 눈물을 각막으로 운반하여 각막을 보호하는 역할을 한다.

참고 자료
• 앨런 홉슨 지음, 임지원 옮김.『꿈』. 아카넷, 2003.
• 프랜신 샤피로 지음, 김준기·배재현·사수연 옮김.『트라우마, 내가 나를 더 아프게할 때』. 수오서재, 2014.

덧붙임

* 내친김에 한 걸음 더 나아가 약간 황당하기까지 한 이야기를 한다면, 왜 대부분의 꿈을 REM 수면 주기에만 꾸는가이다. REM 수면은 꿈과 밀접한 관련이 있다. 즉, 꿈은 대부분 REM 수면 중에 꾼다. 왜 그럴까? 대부분의 사람이 꿈의 내용을 예지나 영성과 관련하여 해석하던 시절에 프로이트는 저서 『꿈의 해석』에서 꿈의 내용을 무의식의 발현으로 해석했다. 이후 앨런 홉슨은 꿈의 내용을 단순히 무작위적인, 잠재의식조차도 아닌 것으로 해석했다. 그러나 이 모두 꿈의 상태나 내용에 관한 가설일 뿐, 여기서 말하고자 하는 것은 왜 꿈을 꾸는가이다. 결론적으로 말해, 어쩌면 꿈 현상이 일어나는 직접적인 원인이 REM 수면 중에 일어나는 안구운동 때문은 아닐까 한다. 즉, 꿈은 그저 수면 중에 일어나는 안구운동에 의한 뜻하지 않은 부산물인지도 모르겠다. REM 작용을 통해서 수면 중인 상태로 안구가 움직이는데, 안구의 움직임은 뇌의 주의집중 작용과 밀접한 관련이 있다(3장 3. 참조).

　별것 아닌 것처럼 보이는 안구 움직임에는 직접적인 뇌간에서부터, 간뇌와 대뇌 등 전반적인 뇌 영역이 다 관여되어 있다. 다시 한 번 강조하지만 안구 움직임은 뇌 활동의 근간이 되는 주의집중 작용과 대단히 밀접한 관련이 있다. 그렇다면 반대로, 안구 움직임만으로도 어떤 주의집중 상태가 유도될 수 있지 않을까? 실제로 안구 움직임이 정신작용에 직접적으로 영향을 미칠 수 있음을 보여주는 예도 있는데, 바로 **EMDR**(eye movement desensitization & reprocessing, **안구운동 민감 소실 및 재처리**) 치료이다. EMDR 치료는 의식적인 안구 움직임을 통해 갇혀 있던 고통스러운 기억을 재처리하여 그로 인한 불편함을 누그러뜨리는 트라우마 치료요법으로, 아직 그 작용원리는 정확히 파악되지 않았지만, 효과는 상당히 높은 것으로 검증되었다. 이에 따라 정식 의료행위로 지정되어 정신 치료에 비교적 널리 활용되고 있다. 또한 실제로 의식적인 안구운동에 따른 EMDR의 작용원리를 무의식적인 안구운동에 따른 REM 결과와 직접 연관 지어 설명하기도 한다.

　최면도 마찬가지이다. 암시와 잠재의식으로 작동하는 최면은 그 감수성이 특정 조건에서의 안구 움직임 상태와 상관관계가 있는 것으로 관찰된다. 물론 이 역시 왜 그런지에 대한 이유는 정확하지 않다.

위 두 논거에 비해 관련성과 신빙성은 낮지만, 언어를 기반으로 인간 행동의 긍정적인 변화를 이끌어내는 기법을 종합한 지식 체계인 **NLP**(Neuro-Linguistic Programming, **신경 언어학 프로그래밍**)에서는 집중된 대상자의 안구 위치가 대상자의 집중 방식을 반영하는 것으로 판단한다. 예를 들면 오른손잡이 기준으로 안구가 왼쪽 위(중간)를 향하면 시각적(청각적) 심상을 회상하는 중이고, 오른쪽 위(중간)을 향하면 시각적(청각적) 심상을 구성하는 중이라는 식이다. 다만 이 또한 단순히 경험적으로 파악한 것이지, 그 이유에 대해서는 정확히 설명하고 있지 않다. 이처럼 안구 움직임 자체는 정신작용과 밀접한 관련이 있다고 할 수 있다.

그렇다면 의식이 없는 수면 상태에서 반사적이든 무의식적이든 이러한 안구 움직임이 눈에서 일어난다면, 뜻하지 않게 뇌에서 유사(類似) 주의집중 작용이 일어날 수 있지도 않을까? 즉, 수면 중에 각막을 보호하려면 안구 움직임이 필요하고, 꿈은 그 안구 움직임으로 하여 뜻하지 않게 부차적으로 뇌에서 발생한 이상(異常) 각성 상태는 아닐까? 좀 더 설명하자면 꿈이 무작위적이고 기묘하고 비논리적이고 기억도 잘 나지 않는 것은, 수면 중이라 아무런 준비도 하지 않는 뇌에서 뜻하지 않게 일어났기 때문은 아닐까? 눈곱이 각막을 보호하기 위한 눈물의 부산물이듯, 어쩌면 꿈도 수면 중의 각막을 보호하기 위한 REM의 부산물이 아닐까?

5.
왜 인간에게만
눈썹이 있을까?

인간의 얼굴에는 눈, 코, 입, 귀가 있다. 그리고 **눈썹**이 있다. 이 표현은 너무나 평범하고, 별로 새로울 것도 없다. 그러나 조금 비틀어 생각해보면 참 재미있는 사실이다. 인간에게 머리는 두말할 것도 없이 특별하게 중요한 부위이며, 그중에도 얼굴은 더 특별하게 중요하다. 이러한 얼굴에 한 자리를 차지하고 있는 눈썹에는 분명 어떤 역할이 있어야만 할 것 같지만, 아무리 생각해봐도 눈썹의 역할이 딱히 떠오르지 않는다. 눈과 귀와 코와 입은 그 역할이 너무나 확실한데, 눈썹은 왜 있는 것일까? 더군다나 눈썹은 인간에게만 있다. 다시 말해, 인간만큼 분명히 구별되는 형태의 눈썹이 있는 동물은 없다. 왜일까?

얼굴에는 눈 위의 눈썹 외에도 눈꺼풀 아래쪽에 **속눈썹**도 있다. 이 속눈썹이 어떤 역할을 하는지 어렵지 않게 추정되는데 바로 눈 보호이다. 눈은 외부로 드러난 신체 부위 가운데 가장 중요한 부위이면서 민감한 부위이므로 외부의 충격이나 이물질들에서 철저하게 보호해야 한다. 이를 위해 눈꺼풀이 있고, 덧붙여 속눈썹까지 있다. 다만 필자의 경우, 역설적이게도 눈에 뭐가 들어갔다 하면 대부분 속눈썹이라 과연 속눈썹이 눈을 보호하는 역할을 하는 것이 맞는지 조금 회의가 들기도 하지만, 아무튼 대부분의 학자들은 그렇게 주장한다.

그런데 눈썹은 다르다. 눈썹은 눈과 어느 정도 떨어져 있으므로 직접적인 눈 보호와는 상관없어 보인다. 다만, 많은 학자들이 눈썹은 이마에서 흘러내리는 땀을 막아주어 간접적으로 눈을 보호하는 역할을 한다고 생각한다. 눈썹의 모양이나 눈썹의 땀샘, 눈썹의 위치 등을 생각하면 이 가설은 어느 정도 설득력이 있어 보인다. 인류의 몸에서 털이 사라진 현상을 설명하는 가장 유력한 가설, "쫓겨나온 사바나에서의 더운 열기를 피하기 위해서다"도 이와 상관있어 보인다. 그럼에도 개인적으로 이 가설은 조금은 궁색해 보인다.

먼저, 이마에서 눈 쪽으로 땀이 흘러내리는 상황에서 눈썹이 과연 눈을 보호하는 역할을 제대로 수행할 수 있을까 하는 의구심이다. 눈썹 자체에서 머금을 수 있는 땀은 얼마 되지 않는다. 그 정도에서 눈을 보호하겠다면 차라리 그냥 손으로 쓱 닦는 것이 훨씬 효과적일 테고, 별로 힘도 들지 않는다. 다만 이마에서의 땀을 눈썹 모양이나 방향으로 눈 쪽이 아닌 뺨 쪽에 흘러내리게 유도하는 듯하다. 그렇다 할지라도 본격적으로 땀이 흘러내리는 상황이라면 손이나 헤어밴드 같은 것을 쓰지 않고 눈썹만으로 눈 속으로 들어가는 땀을 막기에는 역부족이다. 이런 경우, 눈썹보다는 움푹 들어간 눈이나 두두룩한 눈두덩이 더 효과적일 듯하다. 하지만 흘러내리는 땀으로부터 눈썹이 눈을 보호한다 치더라도 과연 이 때문에 얼굴에 별도의 장치가 필요할까? 눈을 소중하게 보호해야 한다는 점은 필자가 누구보다도 잘 알고 있지만, 얼굴에 추가적인 장치가 과연 필요할까 하는 점에서 보면, 눈에 어쩌다가 땀이 들어가는 수준에서의 문제는 조금은 사소해 보인다. 초기 인류는 물속에 들어가서 물고기를 잡기도 했을 텐데, 그리고 손이라는 훌륭하고도 확실한 대안까지 있었을 텐데 말이다.

눈썹은 이마에서 흘러내리는 땀으로부터 일정 부분 눈을 보호하는 역할을 한다는 점은 인정하지만, 눈썹의 본격적인 임무는 눈으로 표현되는 감정을 증폭하는 역할인 것 같다. 다시 말해, 눈썹은 눈 감정 표현 증폭기이다. 인간은 다양하고 정교한 수많은 감정을 지니고 있다. 그런 **감정**을 동작이나 태도, 말투, 목소리 등으로 상대방에 전달하지만 사실 누가 뭐래도 감정 표현이나 감정 전달에서 얼굴의 역할은 절대적이다.

폴 에크만(Paul Ekman)의 저서 『얼굴의 심리학』에 따르면, 사람 사이에는 같은 형태로 공유하는 감정 코드 같은 것이 있다. 예컨대, 화가 나면 특별한 학습이나 계획이 없이도 특정한 본능적인 **표정**이 나타난다. 그 특정한 표정을 타인 역시 어떤 학습이나 훈련 없이 자연스럽게 '화'로 인식할 수 있다. 왜냐하면 자신도 '화'가 났을 때 그런 표정을 짓기 때문에 저 사람의 저런 표정은 내가 저런 표정일 때의 감정인 '화'일 것이라고 쉽게 유추할 수 있기 때문이다.

얼굴에 있는 몇 가지 장치 중에서 특히 눈, 눈빛은 감정을 표현하고 감정을 파악하는 데 가장 중요하게 작용한다(1장 1. 참조). 진술한 이야기를 나눌 때는 서로의 눈을 보고 말해야 한다. 서로가 서로의 감정을 드러내거나 파악하는 데에는 눈 근육 움직임을 통한 눈 모양 변화가 대단히 중요하다. 눈의 방향으로 주의 대상이 드러난다면, 눈의 모양으로는 감정 상태가 드러난다.[1]

그리고 눈 모양의 변화에 따라 눈썹 모양도 함께 변한다. 또 눈 모양 변화 정도에 따라 이마에서의 주름 무늬까지 변하기도 한다. 이렇듯 눈 모양의 변화에 따른 눈썹 모양의 변화는 눈의 형태 변화를 더욱 선명하게 함으로써 눈 모양으로 표현되는 감정을 보조하거나 증폭하는 작용을 하는 것이다.

실제로 감정을 과장되게 표현하는 극단이나 코미디 프로, 또는 드라마에서의 명배우들을 보면, 눈썹 움직임이 대단히 능수능란해 보인다. 예를 들어, 짐 캐리(Jim Carrey)의 눈썹 움직임은 환상적이라 할 수 있다. 만화에서 인물의 캐릭터를 설정하거나 감정을 효과적으로 표현하는 데에도 눈썹의 형태 변화를 잘 활용하고 있다.

이렇듯 눈 움직임에 따른 눈썹의 모양에 변화가 생김으로써 감정을 훨씬 더 정교하고 다양한 형태로 표현할 수 있고, 표현하려는 감정도 훨씬 더 효과적으로 확실하게 얼굴로 전달된다. 이런 과정에서 자신의 표현 능력이 극대화된다. 눈썹 문신을 하는 사람들은 아마도 이런 효과를 의도적으로 얻기 위함이거나 잠재적으로 이런 효과를 인지하고 있을지도 모른다(지금의 눈썹 문신은 적어도 눈썹의 역할이 땀으로부터 눈을 보호하는 것과 상관없음을 보여준다). 실제로 눈썹이 짙은 사람은 인상이 강렬하고 표정이나 감성도 풍부해 보인다. 이에 따라 서로 교감하고 유대

관계를 형성하는 공동체 생활을 하는 데 유리하게 작용하기도 한다.

왜 인간에게만 눈썹이 있는지는, 눈으로 흘러들어가는 땀을 막기 위함이라고 설명할 수 있지만(땀샘은 대부분 포유류에게 있지만, 얼굴에 땀샘이 많이 분포하는 동물은 인간뿐인 듯하다), 눈썹은 **감정 표현 증폭기**라고 설명할 수도 있다.[2] 인간을 제외하고, 인간에 버금갈 정도로 눈에 띄는 눈썹을 가진 동물은 필자가 아는 바로는 없다. 실제로 인터넷에 '동물 눈썹'을 검색했더니 적절한 그림을 얻을 수가 없었다.

물론 대부분의 포유동물은 얼굴 전체가 털로 덮여 있기 때문이라고 말할 수 있다. 그렇다 해도 털색이 다르거나 인간처럼 털의 굵기로 눈썹이 표현될 수도 있다. 얼굴에 털이 적은 영장류의 경우, 눈두덩 근처에 털이 조금 다르게 몇 가닥 나기도 하지만 눈썹이라고 말할 수준은 아니다. 동물 중 인간만이 고도의 공동체 생활을 하며, 다른 동물들에게는 눈썹이 필요할 만큼 감정이 정교하지도, 풍부하지도 않아 보인다.

눈썹이 감정 표현 증폭기 역할을 한다면, 왜 레오나르도 다빈치의 「모나리자」 그림이 오묘한지를 설명할 수 있다. 「모나리자」는 특히 모델의 미묘하면서도 오묘한 표정으로 유명하다. 도대체 저 여인이 웃는 것인지 화난 것인지 슬픈 것인지 당최 알 수가 없다. 그럼에도 분명 무언가를 말하려는 것 같다. 「모나리자」는 모델에 눈썹이 없는 것으로도 유명하다. 실제로 「모나리자」 모델에게는 눈썹이 없다. 애초에 모델에게 눈썹이 없었는지, 그리려고 했는데 미처 그리지 못한 미완성 작품인지, 아니면 실제로는 그렸는데 눈썹만 훼손되었는지는 모르겠지만, 아무튼 「모나리자」에는 눈썹이 없다. 지금까지 감정 표현 증폭기라고 주

「모나리자」

장했던 눈썹이 없는 것이다. 따라서 「모나리자」에서 눈썹의 형태를 통해 전달되는 감정 정보를 전혀 얻을 수 없으니 그 표정이 더욱 오묘해 보이는 것 아닐까? 물론 눈썹을 지운다고 해서 모두 오묘한 그림이 되는 것은 아니다. 오히려 특징적인 표정도 없는, 아무것도 아닌 그림이 되기 십상이다. 「모나리자」가 대단한 것은 눈썹이 없음에도 알 수 없는 어떤 오묘한 표정이 읽힌다는 점이다.

덧붙여, 「모나리자」에는 또 다른 특징이 있는데 바로 **입술**이다. 「모나리자」에서의 입술은 눈썹만큼이나 불분명하다. 생각하기로 이것 역시 「모나리자」의 미묘하고 오묘한 표정에 일조한 것이 아닌가 싶다. 그러니까 입술도 눈썹처럼 타인과의 소통을 원활하게 하는 역할을 하는 셈이다.[3]

사실 얼굴에서 움직일 수 있는 부분은 별로 없다. 얼굴에는 눈썹, 눈, 코, 입, 귀가 있고, 귀와 코는 일반적으로 움직일 수 없다. 자유롭게 움직일 수 있는 부위는 눈과 입뿐이다. 지금까지 눈과 그에 딸린 눈썹을 이야기했으니, 이제 입이 남았다. 눈썹이 눈 움직임을 선명하게 하는 것처럼 입술도 입 모양을 선명하게 하는 역할을 한다. 입술의 색깔이나 표면은 얼굴 피부와는 확연하게 달라, 입술은 얼굴에서 입의 윤곽을 도드라지게 한다. 물론, 입술의 색깔 상태나 피부 상태로 건강 상태를 파악할 수는 있다. 그런 관점에서 보더라도 입술이 소통을 위한 사회적인 장치라는 데에는 변함이 없다. 왜냐하면 입술로 건강 상태를 파악하는 주체는 입술의 주체가 아닌, 그 주체를 보는 상대방이기 때문이다. 자신의 입술은 거울 없이는 볼 수 없을뿐더러, 입술에 반영되는 정도의 건강 상태라면 굳이 입술을 보지 않고도 스스로 잘 알고 있을 테니까.

어찌 되었든 분명한 것은, 입술은 입의 경계를 명확히 함으로써 입모양의 변화를 선명하게 전달한다는 점이다. 그리고 눈 모양과 함께 표정 전달의 양대 산맥인 입 모양의 변화를 뚜렷하게 하는 이 입술은 표정을 전달하고 읽는 데 분명 중요하게 작용할 것이다. 예상했겠지만, 눈썹과 마찬가지로 선명한 입술은 인간에게만 있다. 침팬지에게 입술 비슷한 것이 있기는 하지만 너무 얇아서 차라리 입속 피부가 어쩌다 드러난 것에 가까워 보인다.

입술의 역할이 입 모양의 변화를 강조하는 것으로 본다면, 입술이 선명하거나 두툼한 사람은 입술이 흐릿하거나 얇은 사람보다 입을 통한 감정 표현을 더 원활하게 할 수 있고, 타인도 그 사람의 입 모양에서 감정을 쉽게 읽을 수 있을 것이다. 그리고 눈썹처럼 상대와의 교감에 유리하게 작용할 수 있고, 매력으로 작용할 수 있다. 인간, 특히 여성이 입술을 선명하게 하려고 립스틱으로 입술 화장에 공들이는 것도 어쩌면 입술의 이러한 작용을 본능적으로 파악한 것이 아닌가 싶다. 이렇듯 입술 화장으로 보건대, 입술이 건강 상태의 확인만을 위한 것이 아님을 알수 있게 한다.

❶ 눈썹은 이마에서 흘러내리는 땀으로부터 눈을 보호하는 역할을 한다.

❷ 눈썹의 주 역할은 눈 모양의 변화를 선명하게 하여, 눈 모양 변화로 전달하려는 감정을 보조하고 증폭하는 것이다.

❸ 눈에서의 눈썹처럼, 입술 또한 입 모양의 변화로 전달하려는 감정을 보조하고 증폭하는 역할도 한다.

참고 자료

• 데즈먼드 모리스 지음, 박성규 옮김. 『인간의 친밀행동』. 지성사, 2003.
• 데즈먼드 모리스 지음, 김석희 옮김. 『털 없는 원숭이』. 문예춘추사, 2011.
• 폴 에크만 지음, 이민아 옮김. 『얼굴의 심리학』. 바다출판사, 2006.

덧붙임

1 눈의 방향으로 주의 대상이 드러나고, 눈의 모양으로는 **감정 상태**가 드러난다면, 동공은 **주의 상태**를 드러낸다. 표정이 없으면 특별한 감정이 없는 상태로 보이듯, 눈동자에 초점이 없으면 아무 생각이 없는 상태로 보인다고 말할 수 있으며, 또한 감정이 없으면 표정도 없고, 생각이 없으면 초점도 없다고 말할 수 있다. 사실 일반적으로 눈이나 홍채에 비해 동공에 크게 관심을 두지 않는다. 짙은 갈색을 띤 홍채에 둘러싸여 있는 동공은 작고 어두워서 잘 보이지 않을뿐더러 모양 또한 완전 동그란 형태라 특색도 없다. 그러나 동공의 크기에서 그 사람의 신체적·심리적 상태를 어느 정도 유추해볼 수 있다. 더욱이 동공의 크기는 표정이나 말투와는 달리 위장하거나 의식적으로 조절할 수 없으므로 그 유추는 더 의미가 있다.

　동공 크기는 부교감신경의 지배를 받는 동공 수축근과, 교감신경의 지배를 받는 동공 확대근에 의해 결정된다. 어떤 돌발 상황이 발생하면 교감신경에 의해 동공이 커지고 눈은 주변에서 최대한 많은 정보를 받아들이려고 준비한다. 또한 동공 크기는 눈으로 들어오는 빛의 양에 의해서도 결정된다. 어두운 곳에 있으면 반사적으로 동공이 커지면서 우리 눈은 빛을 최대한 많이 받아들인다. 반대로, 어두운 곳에서 밝은 곳으로 오면 뇌간 수준에서 일어나는 동공 대광반사에 따라 부교감신경 활동과는 상관없이 눈동자는 작아진다. 마지막으로, 흥미롭게도 동공의 크기는 **주의각성** 수준에도 영향을 받는다. 동공 수축근은 피질 시상하부로를 통해서 전달되는 대뇌의 활동 상태 정보에 따라 통제되기 때문이다. 만약 주의각성의 상태가 높아 대뇌 활동이 충만하면 동공 수축근의 억제가 약해져 동공이 커진다. 그리하여 자다가 깨어나거나, 흥미를 끄는 관심 대상(예컨대, 좋아하는 사람이나 매력적인 사람)을 대하면 동공의 크기가 커진다. 또한 통증을 느낄 때에도 동공의 크기가 커진다. 반대로, 피로하고 졸린 이완 상태에서는 동공이 작아진다. 마취 상태나 수면 상태에서도 동공의 크기가 작아진다.

2 동물 중에 눈썹 비슷한 것이 관찰되는 종이 아주 없지는 않은데, 희귀종으로 보호받는 레서팬다가 그중 하나이다. 레서팬다는 눈의 안쪽과 위쪽에 얼굴 부분

의 털과는 구별되는 흰색 털이 선명하게 나 있다. 이 털이 실제로 눈 감정을 증폭시키는 작용을 하는지는 모르겠지만, 필자에게는 적어도 레서팬다에게서 귀엽다는 느낌을 증폭시키는 작용을 하는 것 같다. 눈썹 비슷한 것이 관찰되는 또 다른 종으로 개가 있다. 개의 경우 간혹 눈 주변의 털 색깔이 나머지 머리 쪽의

눈썹 모양이 어렴풋이 보이는 웰시코기

털 색깔과 달라 마치 눈썹이 있는 것처럼 보이기도 한다. 앞서 흰자와 마찬가지로 이것 역시 사람과 정교한 감정적 교류를 택한 개의 진화적인 방향과 관련이 있을지도 모르겠다. '인간 선택'에 의해 어쩌면 몇백 년 후에는 인간처럼 선명한 흰자와 눈썹이 있는 개가 흔하게 보이게 될지도…….

3 눈썹과 입술이 상대방에게 전달하는 자신의 감정을 강조하는 데 활용되는 능동적인 표현 장치라면, 흰자와 동공은 자신의 주의 대상과 주의 상태에 대한 정보를 상대방에게 일방적으로 드러내는 개인정보 공개 장치라 할 수 있다. 따라서 누군가를 속일 때 눈썹과 입술은 최대한 강조해서 활용해야 하는 반면, 흰자와 동공은 최대한 감춰야 한다. 특히 동공의 노출 정도는 그것을 둘러싼 홍채의 색깔에 따라 결정된다. 즉, **홍채 색**이 옅을수록 그 안에 둘러싼 검은 구멍인 동공의 윤곽이 더 잘 드러난다. 홍채 색은 홍채에 있는 멜라닌 색소에 따라 결정이 되는데, 동양인과 아프리카인 등은 주로 짙은 갈색을 띤다. 따라서 밝은 날 신경을 쓰고 관찰해야만 이들의 동공 상태를 잘 알아볼 수 있다.

반면, 북유럽인을 비롯한 서양인은 홍채 색이 파랑, 초록, 회색 등 주로 밝은 색이라 **동공의 윤곽**이나 크기를 쉽게 알아볼 수 있다. 서양인의 동공 노출 상태는 적어도 집단을 형성하는 초기에는 (흰자 노출에 따른 영향과 같은 이유로) **공동체**의 발전에 유리하게 작동했을 것 같다. 즉, 동공의 윤곽이 선명할수록 자신의 상대방에 대한 주의 상태가 드러나기 쉽고, 자신에 대한 상대방의 주의 상태를 확

인하기도 쉬워진다. 이에 따라 친사회적인 구성원들 사이에 서로의 신뢰 상태를 확인하고, 또 확인시켜주는 데 조금이라도 유리하게 작용했을 것이다. 물론 반사회적인 구성원 사이에는 불리하게 작용했을 테지만. 실제로, 상대방의 동공 크기에서 신뢰 상태까지는 아니더라도 자신에 대한 상대방의 호감, 비호감 상태에 대한 정보를 의식적이든 무의식적이든 파악한다는 연구 결과 보고가 있다.

어찌 되었든 이런 생체적인 개인정보 공개 장치를 통해서 집단 구성원은 자신에 대한 상대방의 배신에 대비하거나 자신의 진실함을 상대방에게 증명하기 위한 사회적·개인적 비용을 조금이라도 줄일 수 있다. 이리하여 소모적인 불신 비용을 줄일 수 있으므로 공동체는 그만큼 더 효율적이고 더 합리적으로 발전했다고 할 수 있다. 반대로 공동체에서의 이런 불신 비용이 집단생활에 따른 이로움을 넘어설 정도로 크다면, 그래서 공동체에서 자신을 이롭게 해줄지에 대한 확신이 없을 정도로 공동체적 신뢰가 무너졌다는 생각이 든다면 차라리 집단생활을 포기하고 각자도생의 생활로 돌아설지도 모른다. 이런 생각이 집단 안에 다수의 구성원 사이에 형성되면 공동체 활동에 따른 시너지 효과가 사라지면서 그 공동체는 쇠락의 길로 빠져들 수밖에 없다. 사적인 협상이나 거래에서도 그러하듯, 집단이 자신에게 이롭게 작용하리라는 구성원 사이의 믿음이나 확신이 있어야만 집단이 정상적으로 유지될 수 있다.

이처럼 서양인의 태생적인 동공 윤곽 노출 상태는 집단 형성 초기에는 사회적 불신 비용을 줄여서 공동체의 성장에 조금이라도 유리하게 작용했을 듯하다. 다만 흰자의 노출은 개체가 지능이 높다는 증거는 될 수도 있지만, 동공 노출 상태는 개체의 지능과는 당연히 무관하다. 인간보다 지능이 떨어지는 동물의 경우 홍채 색은 인간보다 훨씬 더 다양한데, 이들 중에는 홍채를 흰자로 착각할 정도로 동공 윤곽이 뚜렷한 종도 많다(23쪽 그림에서 흰머리독수리도 그중 하나이다).

나아가 이렇게 동공 윤곽이 노출된다는 것은 그들 사이에 집단을 형성하는 초기 발전단계에서라면 몰라도, 모든 인종이 다 같이 협업해야 하는 지금의 지구촌 시대에는 오히려 불리하게 작용할 수도 있다. 왜냐하면 다른 인종과 교류할 경우, 자신들의 주의집중 상태 정보가 상대방에게 노출되기 때문이다(요즘 색깔 렌즈를 껴서 굳이 자신의 동공 상태를 드러내기도 하는데, 이는 보기에만 예뻐 보일 뿐이다). 물론 자신을 포함해 동공 상태가 감춰진 주변인들과 오랫동안 살아온 이들에게 동공 상태는 주의를 기울일 만한 관심 대상이 될 수 있을지, 나아가 그것을 통해 상대방의 주의 상태에 대한 정보를 얻을 수 있는 능력이 있을지는 의문이다(적어도 지금의 필자에게는 그런 것에 대한 관심이나 능력이 거의 없는 듯하다). 다만 동공 노출자들과 오랫동안 교류한다면 상대방의 동공 상태와 상대방의 주의 상태 사이의 상관관계를 자연스럽게 터득할 것이고, 이에 따라 상대방의 동공 크기에 관심을 가지고 그 크기 변화에서 상대방의 마음 상태를 유추할 줄 아는 능력이 생길 가능성이 크다.

6.
왜 우리는
눈물을 흘릴까?

우리는 가끔 눈물을 흘린다. 그런 자신이 별로일 수도 있겠지만……. 눈물이라고 다 같은 눈물이 아니다. 눈물에는 세 가지가 있다. 하나는 수시로 분비되어 각막을 보호하는 역할을 하는 **기저 눈물**(1장 3. 참조), 둘째는 눈에 이물질이 들어갔을 때 반사적으로 나와 안구를 보호하는 역할을 하는 **반사 눈물**, 그리고 마지막은 여기에서 다룰 감정이 격해졌을 때 나오는 **감정 눈물**이다. 앞의 두 눈물과는 달리 감정 눈물은 안구 보호와는 아무런 관련이 없다.

그렇다면 감정 눈물은 어떤 역할을 할까? 감정 눈물은 기본적으로 부교감신경이 활성화될 때 분비된다. **자율신경계**의 하나인 **부교감신경**은 대뇌에 직접적인 명령을 받지 않기 때문에 의식적으로 통제하기가 어렵다. 대신 부교감신경은 돌발적인 긴장 상태가 아닌 편안한 이완 상태일 때 자동적으로 흥분한다. 부교감신경이 활성화되면 심장박동이 느려

저 불필요한 에너지 소모가 줄어들고, 소화작용 등을 촉진하여 비축되는 에너지는 증가한다. 그러니까 눈물은 생존적으로 안정된 상황에서 분비된다고 할 수 있다.

눈물(이하 눈물은 감정 눈물)은 알다시피 감정이 임계치를 넘어선 수준으로 고조된 상태에서 분비된다. 보통 눈물에서 슬픔을 떠올리지만 다양한 감정 상태에서 나오기도 한다. 예를 들면 슬프거나 짜증나고 답답하거나 분하거나 두렵거나 괴롭거나 등의 부정적 감정뿐만 아니라, 이와 반대로 아주 기쁘거나 감격스럽거나 웃기거나 등의 긍정적인 감정에서도 나온다. 또한 미안하거나 고맙거나 안쓰럽거나 간절하거나 등의 복합적인 감정 상황에서도 나온다. 즉, 눈물은 어떤 감정이든 그 감정이 어떤 임계치를 넘어서는 격한 상태에서 나온다고 할 수 있다.

눈물에서 주로 슬픔을 떠올린다면, 슬픔이라는 감정 자체가 다른 감정에 비해서 비일상적인 격한 상태의 감정이기 때문은 아닐까. 그렇다고 해서 어떤 감정이든 격하기만 하면 무조건 눈물이 나오는 것은 아니다. 부교감신경과 관련된 감정이 아닌, 긴장·놀람·경계 같은 **교감신경**을 자극하는 상황과 관련된 감정에서는 아무리 격하다 해도 눈물이 잘 연상되지 않는다. 오히려 그 반대다. 예를 들어 갑자기 놀라거나 위기 상황을 맞이하여 긴장해야 할 상황이라면 눈물이 나오다가 뚝 그친다. 결론적으로, 눈물은 생존적으로 안정되고, 동시에 감정적으로 흥분된 상황에서 나온다.

눈물을 흘리는 것 자체는 정신 건강에는 좋은 것 같다. 자신의 정신으로는 감당하기 힘든 수준으로 감정이 고조되어 흐르는 눈물은 말 그대로 감정의 결정체이다. 하염없이 눈물이 흐르면 궁상맞고 실없어 보이겠지만, 생각을 맑게 하여 감정이 감당할 수 있는 수준으로 가다듬고 정리하게 한다. 다만, 혼자서 흘리는 눈물이 아니라 남 앞에서 흘리는 눈물이라면 항상 그렇지만은 않다. 눈물을 흘린다는 것은 일반적으로 감정적인 평상심을 잃은 상태를 의미하기 때문에 남 앞에서 눈물을 보인다는 것은 상대방에게 자신의 감정이 일상적인 **감정 표현**만으로는 부족할 만큼 대단히 격한 상태임을 드러내는 것이다. 더구나 눈물샘은 자율신경계에 의해 작용하므로 눈물은 표정보다 위장하기 힘들고, 따라서 상대방은 그런 눈물에 포함된 감정이 진실일 가능성이 높다고 인식한다.

물론 스스로 특정 상황을 가정해서 몰입하여 감정을 격한 상태로 끌어올리거나, 과거에 경험했던 격한 감정을 생생하게 떠올려 인위적으로 눈물을 흐르게 할 수도 있다. 그러나 이는 전문배우에게나 가능하지, 일반인에게는 쉽지 않다. 이런 관점에서 본다면 감정 눈물은 안구 보호 같은 생리학적인 장치가 아닌, 순전히 타인과의 소통을 위한 신호 장치 개념으로 이해해야 할 것이다. 참고로, 눈물 말고도 그동안 앞에서 언급했던 우리 얼굴에서 흰자, 표정, 눈썹, 입술 등이 이와 비슷한 맥락의 역할을 하는 장치들이다.

어찌 되었든 상대방에게 눈물을 보인다는 것은 '난 지금 진짜 격한 감정 상태에 있다'는 것을 상대방에게 드러내는 것이다. 그 격한 감정이 감격스러움처럼 긍정적이라면, 그리고 그 원인을 제공한 상대방에게 보이는 것은 '당신은 나를 이렇게 행복하게 했다'라는 뜻으로 상대방과의 유대감 형성에 대단히 좋게 작용한다. 그러나 슬픔, 두려움, 분노, 괴로움 같은 부정적인 격한 감정에서의 눈물은 상대방에 따라 다르다. 이런 성격의 눈물은 자신에게 있는 동정심, 불완전성 같은 인간미를 진정성 있게 보이기도 하지만, 동시에 자신의 절박함, 나약함을 드러내는 것이기도 하기 때문이다. 따라서 대개는 상대방에게 이런 형태의 눈물을 보이는 것을 최대한 자제하려고 노력할 것이다. 특히 그 상대방이 자신의 경쟁자나 적이라면, 이런 눈물은 자신의 패배를 인정한 것만큼이나 기세가 꺾이는 약자로 보이게 하여 자존심이 무너지는 상황이 된다.

그러나 이런 부정적인 상황에서의 눈물을 같은 편이나 제3자에게 보인다면 자신에게 긍정적으로 작용할 수 있다. 이런 눈물은 그들에게 동정심을 이끌어내고 자신이 처한 상황의 절박함을 인식하게 할 수 있기 때문이다. 이런 상황은 제3자의 협력을 이끌어내는 데 이롭게 작용한다. 물론, 자신이 처한 상황을 상대방이 그렇게 대단하지 않은 상황으로 여긴다면 그 눈물은 반대로 자신을 한심하고 궁색한 인물로 보이게 할 수도 있다. 더욱이 그 눈물이 동정심을 유도하기 위해 의도된 것이라면(특히나 국민 같은 대중 앞에서), 그리고 그 의도를 상대방이 눈치챈다면 오히려 상황이 더 불리해지고 말 것이다. 그 가증스러운 눈물을 눈치챈 상대방에게는 너무나 혐오스럽고 짜증나고 불쾌하다 못해 눈물이 나게 할지도 모르기 때문이다.

앞서 말했듯이 눈물은 감정적으로 흥분된 상황과 생존적으로 안정된 상황에서 흐른다. 그러니까 눈물은 자신의 감정을 돌봐주어야 하는 상황, 또는 감정이 감당하기 힘든 격한 상황임과 동시에, 정신적인 여유가 있어 주어진 상황을 감당할 만하거나 생존적으로 최소한의 안정이 확보된 상황에서 나온다. 눈물은 자신의 정신으로는 감당하기 힘든 수준의 감정 상태임과 동시에 그 감정을 감당하지 않아도 되는 상황에서 흐르는 것이다. 감당하기 어려운 감정 상태임에도 스스로가 이것을 감당해야 하는 상황으로 받아들인다면 안타깝게도 눈물이 흐르지 않는다. 그리고 감당하기 힘든 그 감정은 제대로 정리하거나 극복하기 전까지 마음속에 고스란히 상처로 남아 있을 가능성이 크다. 따라서 나이가 들면서 눈물이 많아졌다는 것은 어쩌면 젊었을 때와는 달리, 이제는 좋든 싫든 삶이 확정되어 안정된 상황이라서 자신의 감정을 돌보는 데 쓸 에너지가 어느 정도 있을 만큼 정신적인 여유가 있음을(또는 눈물을 흘려도 되는 상황이 되었음을) 뜻하는 것인지도 모른다.

> **세 문장 요약**
>
> ❶ 감정 눈물은 말이나 표정처럼 위장하기가 어렵다.
>
> ❷ 감정 눈물은 생존적으로 급박하지 않고, 감정적으로는 격할 만큼 흥분된 상황에서 흐른다.
>
> ❸ 감정 눈물은 자신의 진실한 격정을 타인에게 드러내어 소통하는 역할을 한다.

2장

알고 보면 이상한
우리의 **눈**

●

당연해 보이고, 완전해 보이는 우리의 눈을 조금씩 알면 왜 이렇게 이루어졌을까 하는 의문이 생기는 부분들이 몇 가지 있다. 이 장에서는 조금은 이상하거나 불완전해 보이는 눈의 구조를 소개하고, 그에 대해 알려진 정보와 함께 나름대로 설명을 덧붙였다.

'1. 가시광선밖에 못 보는 우리의 눈'은 한정된 가시광선 대역밖에 보지 못하는 인간의 눈에 대한 내용이다. '2. 근본적인 구조적 결함이 있는 우리의 눈'은 말 그대로 우리 눈의 구조에서 보이는 명백한 오류에 대한 내용이다. '3. 두 종류의 센서가 장착되어 있는 우리의 눈'은 우리 눈의 광센서 상태에서 나타나는 뜻밖의 부분에 대한 내용이다. 마지막으로 '4. 뇌에서 시야 정보의 좌우가 뒤바뀌는 우리의 눈'은 눈에서 나온 시신경이 뇌로 연결되는 방식에서 보이는 특이한 점에 관한 내용을 다룬다.

1.
가시광선밖에 못 보는
우리의 눈

전자기파는 전기장과 자기장이 매질 없이 원격으로 전달되면서 형성되는 파동에너지이다. 전자기파를 이용해서 우리는 라디오를 듣거나 텔레비전을 보고, 인터넷도 할 수 있다. 전자레인지나 X레이, 휴대전화도 마찬가지이다. 우리 인간에게도 이런 전자기파를 수용하는 감각 기관이 있는데, 다름 아닌 눈이다.[1] 전자기파의 종류는 주파수 대역에 따라 구분한다. 그리고 인간의 눈은 그 수많은 대역 중에서 파장이 약 400~700나노미터(nm, 10억분의 1미터)인 전자기파의 정보만을 수용할 수 있다. 우리 눈에서 전자기파를 받아들이는 역할을 하는 광수용체 세포는 이 대역의 전자기파를 접했을 때에만 반응하기 때문이다. 우리는 파장이 약 400~700나노미터인 전자기파를 흔히 빛, 또는 **가시광선**(可視光線)이라고 한다.

가시광선에 의해 자극된 **광수용체 신경세포**의 반응 신호가 뇌로 전달되어 정보화되는 과정에서 우리는 무언가를 볼 수 있게 된다. 가시광선의 의미를 풀어쓰면 '볼 수 있는〔可視〕 전자기파〔光線〕'이다(가시광선에서의 빛〔光〕은 좁은 의미의 가사광선 자체를 가리키는 빛이 아닌, 전체 전자기파를 가리키는 의미에서의 빛으로 이해해야 한다). 이렇듯 가시광선(Visible)이라는 용어에는 인간이 볼 수 있다는 의미가 있다. 따라서 '인간은 왜 가시광선밖에 볼 수 없을까?'라는 의문은 사실 '인간의 눈은 왜 파장이 400~700나노미터인 전자기파 정보밖에 못 받아들일까?'라는 뜻의 단순 우문 형태라 할 수 있겠다.

그럼, 왜 인간의 눈은 파장이 400~700나노미터인 전자기파밖에 못 받아들일까? 이 질문에서 흥미로운 점은, 전체 전자기파 대역 중에서 가시광선 대역은 극히 일부분에 지나지 않는다는 데에 있다. 그림 15는 전체 전자기파 대역 중에서 가시광선이 차지하는 대역을 표시한 것이다. 이 그림에서 좁게 표시된 가시광선 대역은 그나마 로그 스케일

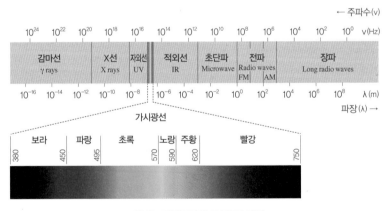

그림 15 전자기파와 가시광선 대역

로 표시하여 이 정도이지, 실제 영역으로 표시한다면 가시광선 대역은 이 그림보다 훨씬 더 좁다. 이렇게 인간의 눈이 전체 전자기파 대역 중에서 대단히 좁은 대역에만 반응하는 것도 신기하지만, 더 이상한 것은 이런 양상이 인간의 눈에서만 관찰되는 것이 아니라 대부분의 동물의 눈에서도 그러하다는 점이다. 왜 그럴까? 이왕이면 모든 대역에 다 반응하면 좋을 텐데, 그렇지 않은 데에는 무슨 필연적인 이유라도 있는 것일까? 그 이유는 아마도 태양의 복사에너지에서 찾아야 할 것이다. 지구에서 받아들이는 거의 모든 전자기파는 태양으로부터 직접 전달된다. 이러한 까닭에 태양의 복사에너지 분포는 인간을 포함한 지구상에 있는 모든 생물의 전자기파 수용 대역과 밀접하게 관련될 수밖에 없다. 그림 16의 복사에너지 분포 그래프에서 노란색 영역과 검은색 곡선은 각각 대기 상층부에서 복사되는 전자기파의 세기와 태양 표면 근처의 온도 5778K(K는 절대온도를 뜻한다)인 흑체가 복사하는 전자기파의 세기를 주파수 대역별로 표시한 것이다.

이 그래프에 따르면 두 에너지 대역 간에는 상관성이 있으며, 예상대로 전체 **태양 복사에너지** 대역 중 가시광선 대역에서의 에너지가 가장 높음을 알 수 있다. 반면, 파장이 250나노미터 이하, 그리고 2500나노미터 이상의 전자기파 대역으로 전달되는 에너지는 거의 없다. 이 사실에서, 지구상에서 전자기파 정보를 이용하는 생물들은 250나노미터 이하, 그리고 2500나노미터 이상의 전자기파 파장에 반응하는 기관이 없으리라 짐작할 수 있다. 오지도 않을 신호를 받으려고 장치를 마련해둘 필요는 없을 테니까. 그런 기관이 있는 것은 개체에게는 에너지와 자원

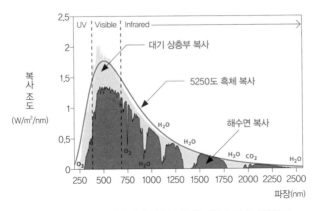

그림 16 해수면과 대기 상층부에서의 태양 복사에너지 분포

낭비이며, 이러한 쓸데없는 소모는 개체의 자연 선택에서 불리하게 작용한다.

다만 이런 이유에서라면 인간의 눈은, 그리 넓지 않은 대역에 위험한 **자외선**(UV)은 그렇다 해도, 크고 넓은 에너지 대역을 차지하는 **적외선**(infrared)에는 반응해야 할 듯하다. 적외선의 에너지 크기는 단위 주파수당으로 보면 가시광선보다는 작지만, 전체 대역으로 보면 가시광선보다 더 크므로 적외선 영역에서도 분명 유용한 정보를 얻을 수 있을 것이다. 그럼에도 인간의 눈은 적외선에는 반응하지 않는데, 그 이유는 적외선이 물에 흡수되는 사실과 관련이 있을 듯하다. 다시 말해, 대기와 인간의 안구에는 물이 있고, 물에는 적외선을 흡수하는 성질이 있다.

위 그래프를 다시 살펴보면, 인간의 시각 활동에 직접적으로 영향을 미치는 전자기파는 대기 상층부로 복사되는 전자기파의 세기 분포를 표시한 노란색 부분이 아닌, 해수면으로 복사되는 전자기파의 세기

분포를 표시한 빨간색 부분이다. 우리 인간은 대부분 해수면 높이에서 살고 있으며, 우리가 일상에서 보는 대부분의 대상은 태양 자체가 아닌 태양 직사광에 의한 지표면 물체에서의 반사광이기 때문이다(이는 지구로 오는 전체 태양 복사에너지의 5퍼센트 정도이다). 위 그래프에서 해수면의 복사에너지를 표시한 빨간색 부분이 대기 상층부의 복사에너지를 표시한 노란색 부분보다 작음을 알 수 있다. 이는 대기 상층부와 해수면 사이에 있는 대기층이 복사에너지를 일부 흡수하거나 대기권 밖으로 반사하기 때문이다.

위 그래프를 좀 더 자세히 살펴보면, 가시광선과는 달리 적외선에서는 특히 에너지의 세기가 급격히 약해지는 대역이 많다. 이는 앞서 말한 **적외선의 물 흡수 성질** 때문이다. 참고로, 그래프에서 적외선 흡수물질로 표시된 H_2O는 대류권의 수증기나 구름이고, 자외선을 흡수하는 물질로 표시된 O_3는 익히 알고 있는 성층권에서의 오존이다. 전자기파에 대한 특정 매질의 흡수율과 반사율, 투과율의 합은 1이므로 물의 적외선 흡수율이 높다는 것은 한편으로 적외선의 물 투과율이 낮다는 것을 의미한다.

그림 17의 그래프는 실제로 전자기파의 주파수 대역(x축)에 따른 물 투과율 정도[y축: 물 흡수계수(왼쪽), 물 투과 깊이(오른쪽)]를 로그 스케일로 표시한 것이다. 이 그림에 따르면 가시광선(400~700nm)은 물속 깊이 수십 미터까지 투과하여 전달되지만 적외선(1μm~)은 깊이 1미터인 물도 거의 통과하지 못한다. 물이 적외선 에너지를 대부분은 흡수했기 때문이다.

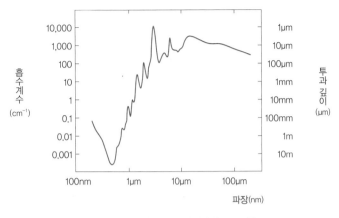

그림 17 파장 값에 따른 적외선의 물 투과율
(Hale & Querry, *Appl Opt*., 12, 555(1973)©OMLC)

물이 적외선을 흡수하는 성질은 인간의 눈이 적외선에 둔감하게 형성하는 데에 추가적인 영향을 끼쳤는데, 발생학적으로 볼 때 인류를 포함한 모든 동물의 기원이 바다라는 물에서 시작했기 때문이다. 물속에서 살았던 모든 초기 조상동물들, 특히 1미터 아래에 살았던 동물들은 적외선을 접하기가 어려웠을 것이고, 따라서 적외선에 반응하는 감각기관이 따로 필요 없었을 것이다. 지금 지구상의 대부분 동물에게 적외선에 반응하는 감각기관이 없다는 것은, 조상동물들이 지녔을 초기 시각 능력 상태와 관련지어 생각해볼 수 있다.

특히 인간을 포함한 고등 육상동물에게 물의 적외선 흡수 성질은 눈이 적외선에 둔감하게 하는 데 또 다른 영향을 미쳤다고 볼 수 있다. 인간의 눈알에서 가장 큰 용적을 차지하는 구조물은 **초자체**(또는 **유리체**)이다(1장 1. 참조). 초자체는 눈알의 내부를 가득 채우고 있는 공간이며 지름이 수 센티미터로 대부분 물로 차 있다. 인간은 비록 물 밖에서 생활하지만, 빛을 직접적으로 받아들이는 눈의 광수용체 세포에서 보면 인간은 수 센티미터 깊이의 물속에서 사는 것과 마찬가지인 셈이다. 더 군다나 초자체 안에는 물과 함께 젤리 형태의 아교질이 있어 적외선이 초자체를 투과하는 것을 더욱 어렵게 한다. 이 때문에 투명한 단백질로 구성된 수 밀리미터의 수정체와 젤리 형태인 수 센티미터의 초자체를 통과해야 하는 적외선은 가시광선보다 인간의 망막에 훨씬 적게 도달 한다(실제로 각막을 통과한 전체 광자光子 중 반 정도만 망막에 도달한다). 그나마 각막을 통과한 적외선마저도 안구를 거치면서 망막 부근에서는 거의 사라지고 만다. 이는 인간의 눈이 적외선에 반응하지 않게 된 또 다른 이유가 된다.

●● 세 문장 요약

❶ 지표면에 도달하는 태양광 대부분은 가시광선과 적외선이다.

❷ 적외선은 물을 잘 통과하지 못하며, 우리 눈알의 대부분을 차지하는 초자체는 물로 차 있다.

❸ 이에 따라 우리 눈으로 들어오는 전자기파 대부분은 가시광선이며, 인간의 광센서는 가시광선 대역에만 반응하게 되었다.

참고 자료

• Hale, G. M., Querry, M. R. "Optical constants of water in the 200nm to 200μm wavelength region," *Appl Opt.*, 12, 1973. pp. 555~563.
• https://en.wikipedia.org/wiki/File:Solar_spectrum_en.svg

1 인간에게는 아니지만, 몇몇 동물에는 좌우 양쪽에 있는 두 눈 이외에 빛에 직접 반응하는 또 다른 기관이 있다. 바로 머리 중앙에 있는 정중눈이다. 퇴화된 것 같지만 인간에게도 정중눈이 있는데 바로 **송과체**, 또는 **솔방울체**이다. 포유류나 조류에는 아니지만 뱀이나 개구리, 물고기 중에 송과체가 홀로 이마 같은 곳에 보이는 종이 있으며, 이들에게 송과체는 실제로 빛에 직접 반응하여 **제3의 눈** 역할을 한다. 반면, 인간의 송과체는 뇌 한가운데 하나의 덩어리로 되어 있다. 이처럼 덩어리 형태로 구성된 구조체는 뇌에서 송과체가 유일하다. 즉, 뇌는 기본적으로 좌우 대칭이며 송과체를 제외한 모든 뇌 구조체는 좌우 두 개로 대칭 쌍을 이룬다. 이런 송과체의 특이성 때문에 데카르트는 송과체를 시각 활동과 의식 활동을 연결하는 영혼주머니로 생각했다. 송과체가 영혼주머니인 것은 틀렸지만, 송과체가 시각 활동과 관련 있다는 것을 어떻게 알았는지 모를 일이다.

실제로, 송과체는 빛을 직접 받아들이지는 못하지만 망막에서 발생된 시각 신호가 돌고 돌아서 송과체에 일부 전달된다. 송과체에 대해서 좀 더 설명하자면,

데카르트의 저서 『인간론』에 삽입된 송과체

사람마다 송과체의 모양이나 속의 내용물은 모두 제각각이다. 모양이 뾰족하거나 둥그스름하고, 속에는 물 같은 것으로 차 있거나 혈관 같은 것이 보이는 등, 이렇듯 모양이나 구조에 편차가 큰 뇌 구조는 없을 듯하다. 이 송과체에서 멜라토닌을 분비한다는 것 말고는 정확히 알려진 기능은 없다. 심지어 이것 없이도 살아가는 데 큰 문제가 없는 듯하다.

2.
근본적인 구조적 결함이 있는 우리의 눈

우리가 지금 쓰고 있는 컴퓨터 자판은 **쿼티**(qwerty) **배열**로, 타자기로 문서를 작성하던 시절에 타이핑을 할 때 활자 해머가 엉키는 것을 최소화하여 설계했다고 한다. 따라서 이 자판의 배열에는 문자 규칙이 없으며, 타이핑 속도에서도 비효율적인 면이 있다. 재미있는 사실은, 타자기의 활자 해머 엉킴을 걱정할 필요가 없는 자판을 쓰는 지금도 우리는 여전히 비효율적인 쿼티 배열의 자판을 사용하고 있다는 점이다. 이유는 간단하다.

이후 타이핑 측면에서 효율성이 검증된 드보락(Dvorak) 배열 같은 새로운 자판이 나왔음에도, 다시 글자 배열을 익히는 것이 귀찮았던 대다수 컴퓨터 사용자들이 비효율적이지만 익숙한 기존의 쿼티 배열의 자판을 선호했기 때문이다. 우리가 쓰는 컴퓨터 자판은 이후 소재가 바뀌고, 인체공학적으로 디자인되고, 터치 감이 향상되고, 손목을 보호하는 등 더 다양해지고 질적으로 향상되었음에 타이핑에 비효율적인 글자 배열이라는 **근본적인 결함**은 여전히 남아 있다.

주제는 '눈'인데 밑도 끝도 없이 컴퓨터 자판의 글자 배열을 이야기한 이유는, 우리의 눈에도 이와 똑같은 맥락의 결함이 있기 때문이다. 먼저 우리 눈이 빛을 받아들이는 과정부터 간략히 살펴보자. 빛은 눈에서의 **렌즈**(또는 **수정체**)를 통과한 후, 눈알의 가장 큰 부분인 **초자체**를 지나 망막에 도달한다(1장 1. 참조). 망막에는 빛의 최종 목적지인 광수용체 세포가 붙어 있다. 인간의 **광수용체 세포**는 광센서에 해당한다. 빛에 반응한 광수용체 세포의 신경 신호가 **시신경**을 통해 대뇌로 전달된다. 그 신호에 따라 마침내 우리는 빛을 감지하고 사물을 지각한다.

그림 18의 눈 단면도 두 가지는 얼핏 비슷해 보이지만 전혀 다르다. 왼쪽의 눈 단면도를 보면, 빛은 1) 각막 → 2) (전)방수 및 렌즈 → 3) 초자체 → 4) 망막: 광수용체 세포층 순서로 전달이 되고, 그 시신경 다발은 뒤에 있는 5) 망막: 시신경 다발층으로 깔끔하게 정리되어 6) 시신경으로 이어진다. 이는 아주 단순 명료하면서도 자연스러운 형태다.

반면, 오른쪽 눈 단면도에서 빛이 전달되는 경로는 빛이 3) 초자체를 지나는 것까지는 왼쪽 눈 단면도와 같다. 그런데 이후 초자체를 지나서 빛이 도달하는 곳은 엉뚱하게도 4) 망막: 광수용체 세포층이 아니라 5) 망막: 시신경 다발층이다. 그리하여 빛은 이 두터운 **시신경 다발층**과 또 다른 몇 개의 망막층을 지나서야 목적지인 광수용체 세포층에 도달한다. 조금이라도 깨끗한 빛을 받아보겠다고 혈관까지 포기한 각막의 희생을 생각한다면 망막에 보이는 이러한 배열은 한마디로 어처구니없

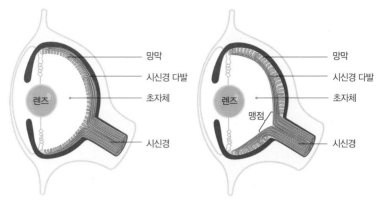

그림 18 형태가 다른 눈 단면도

다고 할 수 있다. 어찌 되었든 광원 방향으로 광센서가 아닌 전선들이 있고, 정작 광센서는 광원 방향과 등진 형태인 오른쪽의 눈 단면도는 왼쪽의 눈 단면도보다 빛에 대한 감도가 떨어질뿐더러 구조도 어수선해 보인다.

오른쪽의 눈 단면도에는 빛의 낮은 투과율 외에도 몇 가지 문제가 더 있다. 우리가 흔히 말하는 **맹점**이 그중 하나이다. 다시 말해, 구조 순서가 4) 망막: 광수용체 세포층 → 5) 망막: 시신경 다발층 → 6) 시신경인 왼쪽 형태 눈과는 달리, 오른쪽 눈의 구조 순서는 5) 망막: 시신경 다발층 → 4) 망막: 광수용체 세포층 → 6) 시신경이므로 오른쪽 눈은 시신경 다발층이 광수용체 세포층 뚫고서 시신경과 연결되어야 하는 구조이다. 이런 과정에서 망막의 광수용체 세포층에는 불가피하게 시신경 다발층과 시신경이 연결되는 구멍이 생기는데, 이 구멍 때문에 생기는 것이 바로 맹점이다. 맹점은 양쪽 눈에 각각 하나씩 존재하며, 시야의 맹점에 해당되는 부위에는 광수용체 세포가 전혀 없으므로 시각 정보를 얻을 수 없다. 다만, 몇 가지 이유로 일상적인 상황에서 우리는 이 맹점을 거의 인식할 수가 없다(4장 1. 참조).

또한 그 불안정한 구조 때문에 오른쪽 눈에서는 왼쪽 눈 형태라면 신경 쓸 필요가 없는 두 가지 안구 질환이 생길 우려가 있다. 그 질환은 **망막 박리**와 **녹내장**으로, 망막 박리는 물리적인 충격 등의 이유로 망막층이 안구 벽에서 떨어져 나간 병적인 상태를 말한다. 그리고 녹내장은 주로 방수 배출의 문제로 각막 부근에 안압이 높아져 망막 부근의 시신경이나 시신경 다발이 손상되면서 발생하는 질환이다(녹내장은 수정체가 탁해지는 **백내장**과는 전혀 관련이 없다). 이 두 가지 질환은 광수용체 세포가 수정체를 등지고 배열한 것과 관련 있다.

망막이 왼쪽 그림의 눈 구조처럼 안구 막에 안정적으로 정착되어 있다면 눈에 웬만한 충격이 가해져도 망막이 떨어져 나가지는 않을 것이고, 설사 떨어졌다 하더라도 구조상 오른쪽 눈보다 시각 왜곡이 작을 것이다. 또한 시신경 다발이 오른쪽 눈처럼 초자체와 맞닿아 있고 어수선하게 흐트러진 것이 아니라 왼쪽 눈처럼 초자체 바깥쪽을 등지고 가지런히 정리되었다면, 안압 상승에 따른 시신경 다발 손상도 작아질 것이다. 그 이유는 안압이 상승하더라도 시신경 다발에는 덜 직접적이고 분산되어 전해져 시신경이 덜 눌려지기 때문이다.

결론적으로, 합리적이고 상식적인 눈 제작자라면 오른쪽 형태처럼 복잡하고 성능이 떨어지며 불안정하기까지 한 눈을 설계할 이유는 없을 듯하다(다만, 이런 구조는 광수용체 세포로 들어오는 자외선을 차단하거나,

또는 광수용체 세포에 에너지를 공급하는 데 유리하다는 반론도 있기는 하다). 하지만 이러한 눈이 지구상에 엄연히 존재한다. 다름 아닌 인간의 눈이다. 참고로, 왼쪽 형태의 눈은 오징어로 대표되는 두족류에서 관찰된다. 우주에서 가장 경이롭고 만물의 영장인 인간에게서, 그리고 그런 인간의 신체 가운데 가장 정교하다는 눈이 사실은 이렇듯 엉터리로 설계된 것이다. 그토록 정교한 우리의 눈이 이처럼 엉뚱한 형태라는 것은 우리의 눈이 계획과 의도에 따라 단번에 설계되어 완성된 것이 아니라, 단순한 형태에서 시작하여 오랜 시간 동안 거듭된 근시안적 변형이 서서히 누적되는 과정에서 완성된 형태임을 방증한다.

뼈처럼 단단하지 않아 진화 과정을 화석으로는 알 수 없지만 아마도 인간 조상의 눈은 어떤 이유에서 광수용체 세포가 광원과 반대로 배열이 되었을 것이다.[1] 또한 초기단계에서 이는 별로 큰 문제가 아니었을 것이다. 그러나 진화가 진행되고 구조가 점점 정교해지면서 눈에 몇 가지 문제가 발생하게 되었고, 이 문제들을 되돌려 놓기에는 이미 뒤늦은 상황이 되면서 결국 근본적인 결함으로 남게 된 듯하다. 마치 앞에서 말한 자판의 비효율적인 쿼티 배열처럼 말이다. 물론 근본적으로 이러한 문제들을 해결하지 못했지만 우리의 눈은 땜질식으로나마 조금씩 수리를 계속하여 문제들을 나름 극복하면서 진화해왔다. 덕분에 근본적인 구조적 결함에도 인간의 눈은, 사용하는 데 전혀 손색이 없을 정도로 훌륭한 시각 기능을 발휘하고 있다.

세 문장 요약

1 기능적으로나 안정적으로 볼 때 눈은 수정체 → 광수용체 세포 층 → 시신경 다발층 형태가 단순하고 합리적이다.

2 인간의 눈은 수정체 → 시신경 다발층 → 광수용체 세포층 순서 로, 근본적으로 비효율적이고 불합리한 형태이다.

3 이는 인간의 눈이 단번에 최적의 형태로 완성된 것이 아니라, 단순한 형태에서부터 서서히 완성되어왔음을 방증한다.

참고 자료

• 닉 레인 지음, 김정은 옮김.『생명의 도약』. 글항아리, 2011.
• 라르스 함베르예르 지음, 고경심 옮김.『아기의 탄생』. 지식의숲, 2006.
• 보리스 훼드로빗지 세르게예프 지음, 이병국 외 옮김.『동물들의 신비한 초능력』. 청아출판사, 2000.

덧붙임

1 인간 조상의 눈은 어쩌다가 광센서가 광원과 반대로 배열하게 되었을까? 비록 외관은 비슷할지언정, 조직의 형성이나 미시적인 구조를 살펴보면 인간의 눈과 **오징어의 눈**은 처음부터 완전히 독립적으로 **수렴·진화**했음을 알 수 있다. 오징어의 눈은 피부조직이 분화하여 변형되었을 가능성이 높다(아래 그림의 ①). 복잡정교한 눈은 어떻게 발생하는가를 설명할 때 종종 언급되는 닐손(D. Nilson)과 펠거(S. Pelger)의 컴퓨터 시뮬레이션 결과에 따르면, 평평한 피부조직에서 오징어의 눈 형태가 형성되는 데 50만 단계이면 충분하다(수억 년의 진화 과정을 고려한다면 50만 단계는 순식간이라 할 수 있다). 반면, 인간의 눈은 피부가 아니라 투명한 몸속의 신경조직이 분화하여 변형되었을 가능성이 높다(아래 그림의 ②). 즉, 해파리처럼 투명한 몸속 시신경 집합체에서 눈이 발생한다면, 표면에 광센서가 분포하고 가운데 쪽으로 시신경 다발이 모여 있는 공 모양으로 되는 것이 적절하다. 민들레 씨처럼 말이다. 시각 장치가 특정한 방향이 아닌 모든 방향에서 빛을 감지할 수 있기 때문이다.

몸속에 있는 이런 구조의 초기 눈이 점차 몸체가 불투명해지면서 피부 표면으로 돌출된다면 어떻게 될까? 닐손과 펠거의 시뮬레이션 결과로 보건대, 이 경

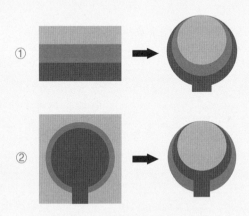

기원이 다른 두 가지 종류의 눈 발생 요약도
(● 옅은 회색: 수정체, ● 회색: 시신경 다발층, ● 짙은 회색: 신경세포 체층)

우 우리 눈처럼 광센서가 시신경 다발보다 안구 테두리에 분포하는 형태가 될 것이라는 추정이 억지는 아닐 것이다. 실제로 진화 계통상 인류의 조상이자 척추동물의 조상으로 여기는 척삭동물–두삭동물문의 창고기(활유어)는 몸이 상당히 투명하다. 때마침 활유어의 시세포 집합체는 몸속에 분포한다. 활유어는 투명한 몸으로 전달되는 빛의 밝고 어둠을 이 집합체를 통해 구별해내는 것이다.

가장 원시적인 척추동물이라 할 수 있는 칠성장어는 유생 때 눈이 피부에 묻혀 있고, 성체 또한 진피 각막이라는 투명한 피부에 둘러싸여 자유로이 움직이며 빛을 받아들인다. 칠성장어는 각막이 공막과 연결된 부분과, 피부와 연결된 부분으로 이루어진 독립적인 2중 구조로 되어 있다. 이런 특징은 몇몇 어류에서도 나타나고, 몇몇 파충류의 눈은 눈꺼풀로 완전히 덮여 있다.

파충류와 조류 가운데 눈꺼풀과 더불어 각막을 덮는 **깜빡임막**(nictitating membrane)이 발달한 종이 많다. 우리 눈은 어떨까? 첫째, 우리 눈에서 흰자 부분은 눈꺼풀과 연결된 결막이라는 일종의 피부로 덮여 있다. 또한 직접적으로 빛을 받아들이지 못하지만 우리의 뇌 속에는 제3의 눈이라 일컫는 송과체가 있다(2장 1. 참조).

마지막으로 배 속 아기 단계에서의 눈의 발생을 보자. 인간의 눈은 민들레 씨 형태는 아니지만, 몸속에서 방울 같은 것의 발생에서 시작된다. 그 방울 같은 것이 밖으로 돌출되어 피부 안쪽에 닿으면서 본격적으로 눈이 형성된다. 이렇듯 진화 발달 계통을 보면 눈은 마치 피부 안쪽에 싸여 있다가 피부를 뚫고 나오는 모양새이다. 다만, 이 논거대로라면 모든 척추동물의 눈은 인간의 눈처럼 불합리한 구조여야 한다. 그리고 실제로도 그러하다. 거의 모든 척추동물의 눈은 카메라눈이며, 인간처럼 광센서가 빛의 방향을 등지고 있다.

3.
두 종류의 센서가
장착되어 있는 우리의 눈

카메라는 빛에 반응하는 광센서에 의해 작동한다. 카메라에 장착된 광센서에는 세 가지 타입이 있어 각각 빨강, 초록, 파랑에 해당하는 가시광선 대역에서 반응한다. 모니터에서 보이는 수많은 색상 역시 세 가지 색상의 발광체에서 나온 3차원 정보가 조합된 결과이다. 색을 보는 인간에게도 카메라와 마찬가지로 빨강, 초록, 파랑 세 가지 대역의 가시광선에 반응하는 광수용체 세포가 있다. 이는 우연이 아닌 필연으로, 카메라의 광센서 반응 대역은 인간의 **색 지각 능력**을 참고하여 설계했기 때문이다(다만, 카메라 광센서의 세 가지 주파수 반응 대역과 인간 눈 광수용체 세포의 세 가지 주파수 반응 대역은 매우 다르다).[1] 인간에게 색을 보게 하는 광수용체 세포는 모양이 원뿔이라 **콘**(cone)**형 세포**(또는 **추체세포, 원뿔세포**)라고 한다(이후 'C형 세포'라 표기하기로 한다).

인간의 눈에는 그러나, 카메라와는 달리 C형 세포 말고도 별도의 광수용체 세포가 한 종류 더 있다.[2] 사실 더 있는 정도가 아니라 이 별도의 광수용체 세포는 C형 세포보다 압도적으로 많다. 이 광수용체 세포는 막대 모양이라 **로드(rod)형 세포**(또는 **간상세포, 막대세포**)라 한다(이후 'R형 세포'라 표기하기로 한다). R형 세포는 C형 세포와 모양만 다른 것이 아니다. R형 세포는 C형 세포와는 반응 특성이나 밀도, 개수, 시신경 연결 특성이 모두 다른, 별개의 독립적인 세포이다. 그렇다면 이 R형 세포의 역할은 무엇일까? R형 세포와 C형 세포의 특성을 확인하여 그 차이를 살펴보면 알 수 있다.

세포의 형태도 그렇지만 R형 세포와 C형 세포의 외관상 가장 큰 차이점은 세포 타입의 수이다. 앞서 말했듯이 C형 세포에는 빨강, 초록, 파랑 세 가지 타입이 있는 반면, R형 세포는 단일 타입이다. 따라서 3차원의 색깔 정보를 만드는 C형 세포와는 달리, R형 세포의 역할은 색깔 지각과는 관련이 없다. 단일 타입의 광수용체 세포로는 밝음과 어둠 같은 단일 차원의 빛 정보밖에 얻을 수 없으며, 단일 차원의 빛 정보로는 빛의 총체적인 강도만 알 수 있을 뿐, 빛의 주파수 대역에 대한 색채 정보를 알 수가 없다. 반면, 광수용체 세포의 C형 세포에 둘 이상의 타입이 있으면 빛의 주파수 대역에 대한 색채 정보를 알 수가 있다. 실제로 광수용체 세포의 C형 세포 타입이 두 가지만 되어도 색채 정보를 얻을 수 있으며, 고등 영장류를 제외한 대부분의 포유류 동물에게 C형 세포는 두 가지 타입밖에 없다.[3]

망막 안에서 R형 세포와 C형 세포의 밀도 분포는 정반대에 가까울 정도로 완전히 다르다. 그림 19는 시야각에 따른 두 세포의 망막 안

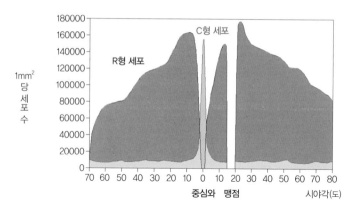

그림 19   시야각에 따른 C형 세포와 R형 세포의 밀도 분포

에 밀도 분포를 도식화한 그래프이다. 즉, C형 세포의 경우 망막의 **중심와**에서의 밀도가 망막의 **주변시**에서의 밀도보다 압도적으로 높다. 중심와란 시야각에서 중앙 부분의 0.5도가량 대응되는, 망막에서 움푹 파여 있는 부분이다. 망막에서의 중심와 영역인 **황반**은 망막에서 가장 집약적인 곳이며 혈관도 지나가지 않는다. 위 그림에 따르면, 대략 이 황반을 경계로 해서 C형 세포의 밀도와 R형 세포의 밀도가 역전된다. R형 세포는 C형 세포보다 망막의 시야에 상당히 고르게 분포하는데, 단 중심와 부근에는 분포하지 않는다. 극단적으로 단순하게 표현하면, 망막 안에 C형 세포의 밀도는 중심와에서 1, 주변시에서는 0이고, R형 세포의 밀도는 중심와에서 0, 주변시에서는 1이다〔참고로, 위 그림을 다시 살펴보면, 오른쪽 시야각의 15~20도에 C형 세포나 R형 세포가 분포하지 않는 빈 공간이 있는데, 이곳은 시야에서의 맹점 영역에 해당하며, 망막에서의 시신경이 모이는 영역이다(4장 1. 참조)〕.

광수용체 세포의 망막 분포 특성은 그 세포의 **공간 정밀도**와 빛에 대한 **민감도**에 영향을 미친다. 왜냐하면 중심와 부근의 광수용체 세포는 1:1에 가깝게 시신경과 연결되어 그 정보가 뇌로 전달되는 반면, 주변시 부근의 광수용체 세포는 10개 정도가 한 곳으로 수렴해서 10:1에 가깝게 시신경과 연결되어 그 정보가 뇌로 전달되기 때문이다. 따라서 중심와 부근의 광수용체 세포는 주변시 부근의 광수용체 세포보다 공간 정보를 10배 정도 정밀하게 처리할 수 있다. 대신 주변시 부근의 광수용체 세포는 중심와 부근의 광수용체 세포보다 10배 정도 약한 빛에도 민감하게 반응하여 처리할 수 있다. 결론적으로, 주변시 전체에 고르게 분포하는 R형 세포는 중심와에 집중해서 분포하는 C형 세포에 비해 공간적으로는 덜 정밀하지만 감도에서는 더 민감한 빛 정보를 처리할 수 있다.

R형 세포의 역할에 대한 핵심적인 실마리는 빛에 대한 R형 세포의 반응 특성에서 찾을 수 있다. 그림 20은 R형 세포와 C형 세포 사이의 반응 특성 차이를 보여주는 **암순응 곡선** 그래프이다. 인간의 광수용체 세포는 주변의 밝기 변화에 따라 자동으로 빛에 대한 민감도가 수정된다. 따라서 암순응이란 밝은 곳에 있다가 갑자기 어두운 곳에 왔을 때, 밝은 곳에 최적화되어 있던 광수용체 세포의 민감도가 서서히 어두운 환경에 최적화되는 과정이다.[4] 암순응 곡선 그래프는 주변의 밝기가 '밝음'에서 갑자기 '어둠'으로 바뀜에 따른, 광수용체 세포의 민감도 변화를 시간별로 표시한 그래프이다. 암순응 그래프에서의 y축 값은 빛에 대한 상대적인 민감도이며, 그 값이 낮을수록 빛에 대한 민감도는 좋음

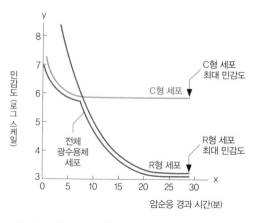

그림 20 R형 세포와 C형 세포와 전체 광수용체 세포의 암순응

을 의미한다. 또 x축은 암순응 경과 시간을 나타낸다. x축 값이 0일 때
의 y축 값은 암순응 직전, 또는 명순응 상태에서의 세포들의 빛에 대한
민감도이다.

본격적으로 암순응 그래프를 살펴보면, C형 세포와 R형 세포의 민
감도와 암순응 곡선은 상당히 다르다. 이 그래프에 따르면, 명순응 상
태, 또는 암순응 직전 상태에서의 C형 세포의 민감도는 약 7이고 R형
세포의 명순응 민감도는 약 9이다. 이 그래프의 y축은 로그 스케일이라
명순응 상태에서 C형 세포의 민감도는 R형 세포의 민감도보다 100배
정도 좋다. 그러나 어둠 상태에서 25분 정도 지난 완전한 암순응 이후
의 상태를 보면, 반대로 R형 세포의 민감도(~3)가 C형 세포의 민감도
(~6)의 1000배가량 된다. 그러니까 암순응 상태에서 R형 세포는 C형
세포가 간신히 볼 수 있는 빛보다 1000배나 더 어두운 빛을 감지할 수
있다. 즉, 밝은 환경에서는 C형 세포가 R형 세포보다 훨씬 민감하게 작

동하며, 어두운 환경에서는 R형 세포가 C형 세포보다 훨씬 민감하게 작동한다. 다시 말해, 충분히 밝은 환경에서 R형 세포는 항상 0에 가까운 신호로 거의 작용하지 않는다. 반대로, 충분히 어두운 환경에서는 강도 6이 되어야 작동하는 C형 세포는 거의 있으나 마나 한 상태가 된다. C형 세포와 R형 세포는 밤과 낮을 기준으로 해서 이렇게 서로 교대로 일을 하고 있다. 새벽과 초저녁이 이들의 교대 시간쯤 될 듯하다. 밤처럼 어두운 환경에서 우리가 색을 구별하지 못하는 것은 색을 구별하는 C형 세포가 거의 작동하지 않기 때문이다.

위에서 말한 R형 세포의 특성들을 종합해보면 다음과 같다. R형 세포는 1) 색깔 감지 능력이 없고, 2) 작은 물체를 정밀하게 감지하는 능력은 떨어지며, 3) 빛을 모아서 민감하게 감지하는 데 유리하게끔 배선되어 있고, 4) 어두운 환경에서는 빛에 대한 감도가 대단히 좋다. 이런 R형 세포의 특성들로 볼 때, R형 세포의 역할은 밤처럼 어두운 환경에서 약한 빛에 민감하게 반응하여 주변의 전체 사물들을 대략적으로 살펴보게끔 한다. 반면, C형 세포는 낮같이 밝은 환경에서 관심 대상 물체를 정밀히 인식하게 한다. 카메라는 밤과 낮의 풍경을 동일한 센서로 촬영하는 반면, 우리 눈에는 어두운 **밤 시력**을 담당하는 밤 전용 광센서인 R형 세포와, 밝은 **낮 시력**을 담당하는 낮 전용 광센서인 C형 세포가 따로 있는 것이다.

명순응 상태에서의 C형 세포의 민감도(~7)와 암순응 상태에서의 R형 세포의 민감도(~3)를 보면 밤 시력과 낮 시력에 관한 이야기는 좀 더 명확해진다. 명순응 상태에서의 C형 세포와 암순응 상태에서의 R형 세포의 빛에 대한 민감도 차이는 대략 10000배이다. 또한 앞서 말했듯이 R형 세포가 C형 세포보다 10배 정도 빛에 민감하게 반응하도록 시신경과 배선되어 있으므로, 실제 암순응 후의 R형 세포를 통해 우리가 지각할 수 있는 빛에 대한 최대 민감도는 ~2 정도이다. 더구나 밝은 환경에 비해 어두운 환경에서 동공이 최대 15배 이상 커지기 때문에 망막이 빛을 많이 받아들이면서 눈이 더 민감해질 수 있다.

결론적으로 암순응 상태에서 우리의 눈이 감지할 수 있는 빛의 최소 강도는 대략 1 정도가 된다. 이 민감도는 명순응 상태에서의 빛에 대한 민감도(~7)의 백만 배에 해당된다.[5] 일상적인 낮의 조도가 대략 10000럭스(lux)라면 초승달이 뜬 밤의 조도는 그 조도의 100만 분의 1에 해당하는 0.01럭스이다.

결론적으로, C형 세포는 태양 빛 아래에서의 대상을 보는 데 최적으로 민감하게 반응하는 역할을 하는 광수용체 세포이고, R형 세포는 달빛 아래에서의 대상을 보는 데 최적으로 민감하게 반응하는 역할을 하는 광수용체 세포이다.

세 문장 요약

❶ 우리 눈의 광수용체 세포에는 밝은 낮에 물체를 정밀하게 관찰하는 데 최적으로 설계된 C(cone)형 세포가 있다.

❷ 우리 눈의 광수용체 세포에는 어두운 달밤에 주변을 대략적으로 살펴보는 데 최적으로 설계된 R(rod)형 세포가 있다.

❸ 우리 눈의 원뿔세포와 막대세포가 서로 번갈아가며 독립적으로 작동하기 때문에 우리는 낮에 세밀하게 볼 수 있고, 밤에도 그럭저럭 볼 수 있다.

참고 자료

- http://www.cambridgeincolour.com/tutorials/cameras-vs-human-eye.htm
- https://webvision.med.utah.edu/book/part-xiii-facts-and-figures-concerning-the-human-retina/

덧붙임

1   빛의 삼원색인 빨강(R), 초록(G), 파랑(B)의 주파수 값은 실제 원뿔세포의 주파수 반응 특성과 일치하지 않는다. 다시 말해, 빛의 삼원색은 빨강, 초록, 파랑이지만 세 원뿔세포가 최대로 반응하는 주파수 대역의 색은 노랑, 초록, 남색에 가깝다. 왜 이렇게 차이가 날까? 이는 우리가 지금 알고 있는 삼원색은 생물학적 기반으로 정한 것이 아니기 때문이다. 현재 표준 삼원색은 1931년 CIE(국제조명위원회Commission Internationale de l'Eclairage)에서 색도(色度)를 제작하면서 사용한 세 가지 **단일 파장 전자기파**[700nm(빨강), 546.1nm(초록), 435.8nm(파랑)]와 관련이 있다. 반면, 실제로 원뿔세포들의 물리적인 반응 특성을 직접적으로 관찰한 것은 그 이후인 1960년대이다. 직접 원뿔세포를 관찰한 결과 원뿔세포는 특정한 단일 파장이 아닌 정규분포 형태의 복수 파장에 반응하며, 중심 반응 주파수도 R, G, B와는 (특히, R과 G에서) 차이가 있음이 확인되었다.

*   **색도**는 표준색상 규격이며, 아래에 있는 이상한 형태의 화려한 그림은 CIE 1931 xy색도 공간표이다. x축과 y축은 변형된 형태의 장파장[700nm(빨강)]과

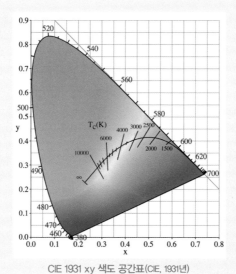

CIE 1931 xy 색도 공간표(CIE, 1931년)

중파장(546.1nm(초록))의 전자기파 세기 값이며, 색도 공간에서 빠져 있는 변형된 단파장(435.8nm(파랑)) 전자기파 정보는 1에서 x와 y를 합한 값을 빼면 파악할 수 있다. 색도 공간의 각 위치에는 각 좌표 값에 대응되는 xyz 전자기파가 조합된 색으로 채워져 있다. 테두리 부근에 적혀 있는 숫자는 전자기파 파장 값을 나타낸다. 중간에 가로지르는 곡선은 흑체복사와 관련 있다.

2   카메라에는 우리의 눈처럼 두 가지 광센서가 없다. 특히 DSLR(Digital Single Lens Reflex, 디지털 일안 반사식)이 아닌 똑딱이 카메라에는 조리개가 없고 노출 시간이나 센서의 민감도도 조절할 수 없으므로 주변 밝기에 맞추어서 촬영 설정을 조절할 수가 없다. 따라서 일반적인 똑딱이 카메라의 광센서 민감도는 상대적으로 촬영이 일어날 가능성이 높은, 낮의 조도에 적합하게 고정 설정된다. 다시 말해, 똑딱이 카메라로 밤에 사물을 찍거나 주변이 조금이라도 어두운 곳을 찍으면, 사진에는 아예 아무것도 안 보이거나 사진 화질이 좋지 않다. 이런 상황을 막기 위해 똑딱이 카메라에 플래시를 장착한다. 이런 식으로 하지 않고, 밤에도 찍어보겠다고 센서의 빛에 대한 민감도를 달밤의 광도에 맞추면, 밤에 조금이라도 찍을 수 있을지 모르지만 낮에 찍은 사진이 전부 하얗게 나온다.

우리의 눈도 마찬가지이다. 우리의 눈에 두 가지 광수용체 세포가 아닌 R형 세포와 C형 세포 중 한 가지 광수용체 세포만 있다면 우리는 낮 시력과 밤 시력 중 하나를 잃게 될 것이다. 즉, 낮에는 잘 보이지만 밤에는 깜깜해서 아무것도 보이지 않거나, 밤에는 잘 보이지만 낮에는 온통 하얘서 아무것도 보이지 않는다. 실제로 광수용체 세포가 R형 세포와 C형 세포 중에 한 가지로만 편중된 야행성 동물이나 주행성 동물의 경우가 이러하다.

3   인간과 소통이 되지 않는 다른 동물들은 **옵신**(opsin)이라는 빛 감지와 관련된 단백질을 관찰하여 간접적으로 그 동물의 **색각 유무**를 판단한다. 놀랍게도 눈이 있는 대부분의 동물은 색을 구별할 수 있다. 무척추동물 대부분에서 2~5가지 옵신 종류가 관찰되며, 많게는 옵신 종류가 10가지 넘는 동물도 있다. 반면, 옵신이 한 가지라서 색맹인 무척추동물도 있는데 그중 하나가 아이러니하게도 카메라눈이 인간 수준으로 정교한 문어이다. 척추동물 중에서 어류와 양서류에는 색

맹인 종이 제법 있지만, 파충류와 조류는 대부분 4색각이다. 반면, 대부분의 포유류는 2색각으로 파충류와 조류보다 두 종류가 줄어들었다. 고래처럼 물속에 살거나 박쥐 같은 야행성 포유류는 여기에서 한 종류가 더 줄어들어 색맹이다. 인간을 포함한 영장류는 3색각이다. 진화의 관점에서 보면 어떤 이유에서인지 포유류는 두 종류의 색각을 잃어버렸고, 그런 상태에서 영장류는 그중 한 종류의 색각을 회복한 셈이 된다.

4 암순응 그래프에서 C형 순응곡선을 꼼꼼히 살펴보면, 민감도가 급격히 높아지는 시점이 두 군데이다. 첫 번째 시점은 암순응 상황에 들어간 직후 C형 세포가 암순응하면서 민감도가 급격히 높아지는 단계이다. 실제로 영화관에 들어갔을 때, 순간 아무것도 안 보이다가 곧 하나씩 보이기 시작한다. C형 세포의 암순응은 급격하게 진행되는 대신 오래가지는 않고 5분 안에 멈춘다. 두 번째 시점은 서서히 암순응을 진행하던 R형 세포의 민감도가 이미 암순응을 멈춘 C형 세포의 민감도를 따라잡는 시점인데, 대략 암순응 상황이 시작된 7~8분 후이다. 개인적으로 두 번째 민감도 향상 시점은 한번도 경험하지 못했는데, 아마도 그때쯤 영화가 시작되기 전에 항상 틀어주는 현란한 광고에 빠져들어 빛의 민감도 변화에 신경 쓸 겨를이 없기 때문이라고 생각한다.

5 우리 눈에서의 R형 세포가 최대로 민감한 상태에서의 빛에 대한 감도는 일반 디지털 카메라의 감도와 비교했을 때 어느 정도일까? 맑은 날 도시를 떠나 무작정 시골길로 간다. 날은 어두워지고 달도 어둡다. 그리고 밤하늘을 바라보면 분명히 수많은 별들이 보인다. 밤하늘에 펼쳐진 아름다운 별빛은 감동적이고 경이롭기까지 하다. 그 소중한 감정들을 조금이라도 붙잡아보고 싶은 마음에 카메라를 든다. 그러나 그렇게 별을 무작정 찍으면 사진에는 아무것도 보이지 않을 것이다. 분명 눈에는 선명하게 잘 보이는데 카메라에는 왜 아무것도 찍히지 않는 걸까? 이는 인간 눈의 감도가 그만큼 좋다는 뜻이다.

　카메라에 장착되어 있는 광센서의 감도 단위로 ISO(international standards organization)가 있다. 보통 스마트폰에 장착되어 있는 카메라 센서의 ISO는 대략 100~1000으로, 조절도 가능하다. ISO가 높아지면 감도는 좋아지지만 잡음이 늘어나서 사진이 볼품없다. 그래서 별을 찍을 때는 대개 노출 시간을 1분 안 팎으로 늘임으로써 감도와 잡음을 동시에 개선한다.

인간의 눈을 카메라의 감도와 비교하면 어떨까? 간단히 말해 인간 눈의 ISO 는 어느 정도일까? 인간의 눈은 0.000001럭스 정도의 빛이나 10개 미만의 광 자(光子)에도 반응하는 반면, ISO는 이와는 다른 기준과 단위로 책정되기 때문 에 둘의 감도를 정확하게 비교할 수는 없다. 다만, 천문학자들은 인간 눈의 최대 감도를 대략 ISO 1000 정도로 추정해서 산출한다고 한다.

* 곤충에도 인간처럼 두 가지 종류의 눈이 있다. 하나는 홑눈이고 또 하나는 겹눈 이다. 대개 **홑눈**은 작고 이마에 두 개 안팎으로 있으며, **겹눈**은 크고 머리 양끝에 두 개가 있다. 곤충의 시각 기능 대부분을 맡는 것은 겹눈이다. 홑눈으로는 그냥 지금 주변이 밝은지 어두운지 정도만을 파악할 수 있을 뿐이다. 밝기를 파악하 는 홑눈의 역할이 얼핏 R형 세포의 역할과 상관있어 보인다. 그러나 이번 글을 제대로 이해했다면 홑눈의 기능을 밤 시력을 담당하는 R형 세포의 기능과 연관 하여 이해할 필요는 별로 없음을 알 것이리라 믿는다.

4.
뇌에서 시야 정보의
좌우가 뒤바뀌는 우리의 눈

눈에는 좌안과 우안 2개가 있고, 뇌도 좌뇌와 우뇌 2개로 나눠져 있다. 그리고 인간의 경우, 이 두 쌍은 같은 쪽으로 바로 전달되는 형태 (즉, 좌안 시신경 → 좌뇌, 우안 시신경 → 우뇌, 또는 11자 형태)가 아니라, 서로 **X자의 교차 형태**로 설계되어 있다.[1] 즉, 인간의 **시각 경로**를 보면, 왼쪽 눈에서 나가는 시신경 중에는 오른쪽 대뇌로 연결된 것이 있고, 오른쪽 눈에서 나간 시신경 중에는 왼쪽 대뇌와 연결된 것이 있다. 왜 이렇게 설계되었을까? 효율성이나 내구성 측면에서 생각한다면, 한쪽에서 시작된 신호는 한 묶음으로 바로 같은 쪽에 전달되는 형태가 되어야 했을 텐데 말이다.

혼동할지도 모르겠지만, 망막과 **시각피질** 사이에 시신경이 교차한다는 것은 한쪽 눈의 시신경 모두가 반대쪽 대뇌로 연결되어 있다는 뜻이 아니다. 시신경에는 반대 방향 뇌로 연결되는 시신경이 있고 같은 방향 뇌로 연결되는 시신경도 있으며, 그 양은 기본적으로 같다. 시신경이 교차하는지, 그렇지 않은지는 시신경이 담당하는 시야의 방향에 따라 결정된다. 즉, 눈에서 교차해서 대뇌로 전달되는 시신경은 눈에서의 안쪽 부분 또는 시야에서의 바깥쪽 부분 빛이 전달되는 코 쪽 망막 부분이다.

왼쪽 눈의 경우, 왼쪽 시야의 바깥쪽 시야를 담당하는 시신경이 뇌를 가로질러 오른쪽 대뇌 끝으로 연결된다. 반면, 오른쪽 눈은 오른쪽 시야의 바깥쪽 시야를 담당하는 시신경이 뇌를 가로질러 왼쪽 뇌로 전달이 된다. 그리하여 왼쪽 뇌에는 오른쪽 눈이 아닌 오른쪽 시야(왼쪽 눈의 안쪽 시야 또는 관자놀이 쪽 망막 부분과, 오른쪽 눈의 바깥쪽 시야 또는 코 쪽 망막 부분)의 정보가, 오른쪽 뇌에는 왼쪽 눈이 아닌 왼쪽 시야(오른쪽 눈의 안쪽 시야 또는 관자놀이 쪽 망막 부분과, 왼쪽 눈의 바깥쪽 시야 또는 코 쪽 망막 부분)의 정보가 전달된다. 혹시라도 왼쪽 시각 대뇌 영역이 다치면 오른쪽 눈의 정보가 아니라, 오른쪽 시야의 정보를 처리하는 데 문제가 발생할 수 있다. 항상 느끼지만, 이 시신경 교차는 말로 설명하기가 참 갑갑하고, 이런 것을 말로 들으면 아는 사람도 헷갈릴 지경이다.

이렇듯 장황하게 설명을 늘어놓는 것보다 그림 21을 잠깐 살펴보는 것이 개념을 이해하는 데 더 도움이 될지도 모르겠다. 이 그림에서 초점을 기준으로 왼쪽 시야에는 연필이, 오른쪽 시야에는 사과가 보인다. 그러면 왼쪽 뇌가 보는 것은 오른쪽 시야에 있는 사과이고, 오른쪽 뇌가 보는 것은 왼쪽 시야에 있는 연필이다. 시야의 한 위치에 대한 시각 정보가 양쪽 눈에 의해 2세트가 만들어지고, 한 시야 위치에서의

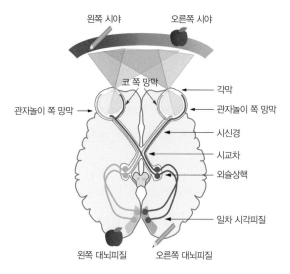

왼쪽 시야   오른쪽 시야

코 쪽 망막

관자놀이 쪽 망막

각막

관자놀이 쪽 망막

시신경

시교차

외슬상핵

일차 시각피질

왼쪽 대뇌피질   오른쪽 대뇌피질

그림 21   망막과 시각피질 간의 시신경 교차

2세트 정보는 시신경 연결에 의해 다시 일차 시각피질에서 한곳(정확히 말하면, 기둥 형태의 묶음 덩어리)으로 수렴됨에 유념할 필요가 있다.

　본론으로 돌아가서 그럼 왜 이렇게 되었을까? 시신경은 왜 헷갈리게 오른쪽 뇌가 다쳤는데 오른쪽 눈도 오른쪽 시야도 아닌, 왼쪽 시야가 안 보이도록 설계된 것일까? 이는 아마도 인간의 시신경 경로가 설계되는 과정에서 충족해야 하는 두 가지 조건 또는 가정 때문이 아닌가 한다.

　그 첫 번째 조건 또는 가정은, 대뇌가 좌우 양쪽으로 나눠져 있어야 한다는 것이다. 뇌가 왜 이렇게 설계되었고 이런 형태가 뭐에 좋은지는 모르겠지만, 어찌 되었든 대뇌는 1개도 아니고 3개도 아닌 2개로 나눠졌고, 앞뒤도 아니고 위아래도 아닌 좌우로 나눠졌다. 이는 우리의 신체가 기본적으로 **좌우 대칭**이라는 점과 관련 있어 보인다. 우리의 신체가 좌우 대칭이므로 1차적인 시각, 청각, 촉각에 대한 감각 정보도 독립적이면서 좌우 대칭이고, 운동기관으로 내리는 1차적인 움직임 명령 역시 마찬가지이다. 따라서 몸에서 정보를 수용하고 몸에 명령을 내려야 하는 뇌도 좌우 2개로 나눠져 있으면 정보를 처리하거나 명령을 내리는 데 빠르고 효율적일 수 있다.

그러나 좌우로 분할되어 있는 뇌의 형태는 인지, 판단, 추론 같은 고차원적인 정보를 처리하는 데에는 적합해 보이지 않는다. 정치나 이념에 좌우가 있는지 모르겠지만, 고차원적인 정보에는 왼쪽과 오른쪽의 개념이 없으므로 그 정보를 굳이 좌우 양쪽 뇌로 나눠서 처리할 필요는 없기 때문이다. 뇌가 한 덩어리라면 고위 기능 정보를 수렴해서 처리하는 장소로 뇌의 중간 어디쯤에 두면 될 듯한데, 한 덩어리가 아닌 양쪽으로 나눠진 뇌에서는 그 중간이란 곳을 딱히 정의할 수 없다. 또한 좌우 양쪽 뇌는 형태적으로는 대칭이고, 기능적으로도 그리 다르지 않기 때문에 분할된 대칭 형태의 뇌에서는 거의 같은 일을 양쪽에서 동시에 처리해야 하는 상황이 벌어진다. 문제는 이런 고차원적인 정보를 처리하는 연합영역이 우리 대뇌의 반 이상을 차지한다는 점이다. 몸 전체 에너지에서 20퍼센트 넘게 소모하는 뇌인지라, 분명 우리 몸의 에너지 효율면에서 대단한 낭비라 할 수 있다.

고차원 정보를 처리해야 하는 관점에서 볼 때, 뇌의 좌우 구조는 비효율적임과 동시에 시스템을 불안정하게 한다. 즉, 단일 정보를 서로 독립적으로 처리하던 좌우 뇌가 자칫 서로 다른 분석 결론이나 의사 결정을 내릴 경우를 뜻한다. 이 경우, 하나의 지휘체계에서 작동해야 할 뇌 작용에 혼선이 생길 수도 있다. 그러나 우리의 일상에서 실제로 이런 일이 일어나는 경우는 거의 없는데, 이는 좌뇌와 우뇌 사이에 **뇌량** (corpus callosum)이라고 하는 좌우 뇌 사이에 정보를 주고받는 큰 신경 다발이 있기 때문이다. 다만, 뇌량 절단 수술을 받아 좌뇌와 우뇌가 완전히 분리된 환자에게는 위와 같은 현상들이 실제로 벌어지기도 한다 (지금은 아니겠지만, 뇌량의 기능을 모르던 예전에는 간질 치료 등을 이유로 뇌량을 자르기도 했다).

　뇌의 기능적인 **편재화**는, 그러니까 언어처리 기능은 좌뇌가 주로 담당하고, 공간처리 기능은 주로 우뇌가 담당하는 것과 같은 형태는, 좌우 구조에 따른 이런 비효율성과 불안정성을 어느 정도 보상해준다. 또한 고차원적인 정보는 양쪽 뇌 두 군데에서 처리되므로 이와 관련한 뇌 기능은 뇌 손상에서 그나마 안전하고 강건하다. 그 이유는 연합영역의 기능은 한쪽 뇌가 손상을 입더라도 비슷한 일을 하는 다른 쪽 뇌가 있어 일차 감각이나 일차 운동 영역의 기능에 비해 뇌 기능의 불안정성이 작을 것이기 때문이다. 또한 같은 자극이나 상황에 대해 양쪽 뇌가 다른 결론을 내릴 경우, 앞에서처럼 혼선이 일어난 상황으로도 볼 수 있지만, 다른 관점에서 보면 이는 **재확인**(double-check)이 가능한 상황이기도 하다. 어떤 이유에서든, 뇌는 좌우 양쪽으로 쪼개질 필요가 있었고, 이 좌우 양쪽으로 쪼개진 뇌는 망막과 시각피질 사이 시신경 교차의 단초를 마련했다.

　시신경 시야 교차에 대한 두 번째 조건 또는 가정은, 대뇌에서의 일차 시각피질 각각의 위치는 양쪽 눈에서 신호를 받아야 한다는 것이다. 다행히 여기에 적절한 이유를 제시할 수 있을 듯하다. 이런 형태의 시신경 교차는 시각 정보에서 **깊이 지각**과 함께, 이를 통해 **입체감**을 느낄 수 있게 한다. 우리는 두 눈에 들어오는 시각 정보를 통해 3차원 대상에서 입체감을 느낀다. 이는 왼쪽 눈으로 들어오는 시야 정보와 오른쪽 눈으로 들어오는 시야 정보 사이에서의 미세한 차이를 대뇌가 일차 시각피질이라는 초기의 정보 처리 단계에서 감지함으로써 일어난다. 이러한 현상은 양쪽 눈에서 받아들이는, 시야 위치가 동일한 두 시각 정보가 동일한 시각피질의 위치로 전달될 때만이 가능하다. 특히 인간은 두 눈이 초식동물처럼 얼굴 양 옆에 있지 않고, 거의 앞쪽에 자리 잡고 있으므로 전체 시야에서 시각이 교차하는 부분이 많고, 따라서 깊이 지각의 대상도 많다. 세상의 모든 동물은 3차원 공간에 살고 있기에 깊이 지각이나 입체감은 시신경 경로의 설계에 영향을 줄 만큼 대단히 본질적인 능력이라 할 수 있다(4장 3. 참조).

그럼 위 두 가지 조건 또는 가정을 만족시키는 시각 신경전달 경로를 설계해야 한다고 해보자. 위의 첫 번째 가정과 두 번째 가정에 따라 한쪽 눈에서 나온 시신경은 양쪽 뇌 모두에 전달되어야 한다. 그 결과, 먼저 직접 연결 형태(좌안 시신경 → 좌뇌, 우안 시신경 → 우뇌)의 시신경 설계는 불가능하다. 따라서 직접적인 연결이 아닌 교차 연결 형태를 고려했을 때, 시신경의 경로 설계에는 그림 22에서처럼 두 가지 정도 있을 법한 안을 생각해볼 수 있다. 물론 이론적으로 두 눈에서 나온 시신경을 좌뇌든 우뇌든 한쪽 뇌로 몰아서 연결할 수도 있겠지만, 이러한 1차 감

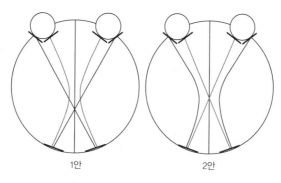

그림 22 망막과 시각피질 시신경 교차에 관한 두 가지 안

각 단계에는 본질적인 비대칭성이 있음 직하지 않아 '안'에서 배제했다.

1안은 오른쪽 시야 정보를 오른쪽 뇌가 받고, 왼쪽 시야 정보를 왼쪽 뇌가 받는 형태인 반면에, 인간의 뇌에서 보이는 2안은 오른쪽 시야 정보를 왼쪽 뇌가 받고, 왼쪽 시야 정보를 오른쪽 뇌가 받는 형태이다. 보시다시피, 1안은 교차점이 세 개 생기지만, 2안은 교차점이 한 개만 있는 형태이다. 따라서 2안은 1안보다 더 단순하기에 더 견고한 설계방식이다. 특히 1안에서 양쪽에 생기는 두 개의 교차점은, 뭉치가 서로 꼬여 교차하는 대단히 불안정한 형태이다. 결론적으로 첫 번째 가정과 두 번째 가정을 만족하는 시각 경로를 설계했을 때, 지금 인간의 시신경 경로 형태인 2안이 가장 효율적이고 안정적인 방식이라 할 수 있다. 이상하게 보일 수도 있는 인간의 시신경 배열이 사실은 제법 합리적임을 알 수 있다(그렇다고 2안이 더 합리적이기 때문에 인간의 뇌가 2안 형태가 되었다는 뜻은 아니다).

① **가정 1** 인간의 뇌는 좌뇌와 우뇌로 나눠질 필요가 있었다.

② **가정 2** 인간의 일차 시각피질은 양쪽 눈으로 바로 정보를 받아들일 필요가 있었다.

③ **가정 1**과 **가정 2**가 참이라고 했을 때, 인간의 뇌에서 보이는 좌우 시야가 교차하는 시각 경로 형태는 가장 효율적이고 안정적인 방식이다.

덧붙임

1   생체기관은 어떤 목적을 염두하고 기능에 맞게 차근차근 설계된 것은 아니다 (2장 2. 참조). 몸속의 모든 생체기관은 돌연변이 같은 우연한 어떤 기회들의 누적으로 형성되고 구성된다. 그런 식으로 어쩌다가 생긴 생체기관을 가진 생명체가 우연히 적자(適者)가 되어 생존하고 번성하게 되면 그 형질이 후손에게 계속 전해져 존속하게 되는 것이다. 여기에는 어떤 특정한 목적도, 장기적인 계획도, 특정한 방향도 없으며 그저 순간순간 우연의 연속만 있을 뿐이다. 주사위처럼 말이다. 때문에 이 글, 또는 이 책에서 종종 등장하는 '설계'라는 표현은 생체기관에 사용하기에는 적합하지도, 적절하지도 않다. 그럼에도 쓰기 편하고 이해하기도 편한 듯해서 설계라고 표현했으니, 이해해주길 바란다.

*   이렇듯 생명체는 우연으로 아무렇게나 생겨나는 것처럼 보인다. 그러나 탄생한 모든 생명체는 반드시 **자연 선택**이라는 일종의 시험대를 통과한다. 이 시험대에서 검증을 받아 생존과 번식에 성공해야만 그 형질이 존속될 수 있다. 이런 존속 검증은 수억 년 동안 진행되어왔고, 지금 지구상의 모든 생명체는 존속 검증을 모두 통과한 존재들의 후손이라 할 수 있다. 따라서 모든 생명체 하나하나에는 그동안의 수많은 시행착오 과정을 거쳐 축적된 생존 노하우 같은 것이 담겨져 있다. 이는 목적도, 절차도 없이 아무렇게나 형성된 생명체가 어떻게 인간이 목적을 가지고 정성들여 만든 도구보다 더 우월하고, 변수 상황에서도 더 안정적인지를 설명하는 것이기도 하다.

*   시각 정보에서처럼, 인간의 청각 정보와 촉각 정보도 뇌에서 좌우가 교차하여 대뇌로 할당된다. 운동기관도 마찬가지다. 다만 청각신경만이 시각에서의 시신경처럼, 한쪽 귀에서 나온 청신경이 양쪽 뇌로 전달되는 형태이다. 시각에서의 이런 구조가 입체감을 느끼게 한다면, 청각에서의 이런 구조는 양쪽 귀로 전달되는 두 소리 정보 사이의 미세한 시간 차 정보를 바탕으로 음원과의 거리감을 느끼게 한다.

반면, 촉각 또는 체성감각(전신감각)과 운동기관에서의 신경은 뇌에서 완전히 교차한다(일부 파충류는 이렇듯 시각 체계도 모두 교차하는 방식으로 전달된다). 즉, 신체 오른쪽의 감각신경과 운동신경은 일단 모두 좌뇌의 일차 피질로만 전달이 되고, 신체 왼쪽의 감각신경과 운동신경은 일단 모두 우뇌의 일차 피질로만 전달이 된다.

3장

우리 **눈**의 놀라운
시각 능력

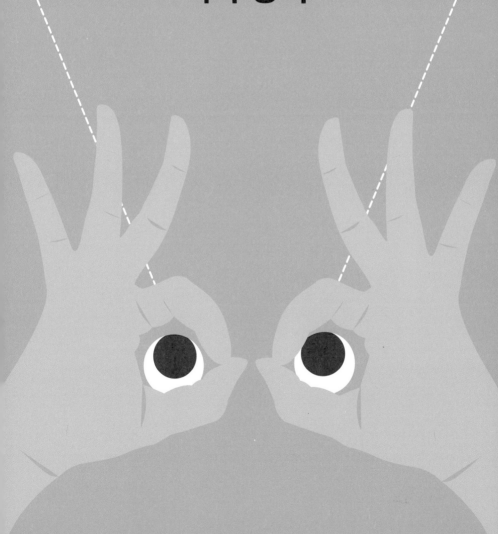

●

자연이 만든 우리 눈의 시각 능력은, 인간이 만든 카메라의 촬영 성능과 비교할 수 있다. 컴퓨터와 뇌를 비교했을 때도 그러하듯, 일부 기능에서는 카메라의 성능이 눈의 능력을 훨씬 웃돈다. 그러나 형태를 인식하고 빠른 시간에 정보를 효과적으로 처리하는 우리 눈의 시각 능력은 카메라의 기술로는 흉내 내기도 어렵다. 이번 장에서는 이런 인간의 시각 능력에 대한 몇 가지 내용을 소개하기로 한다.

'1. 우리 눈의 해상도는 몇 화소 정도일까?'는 인간 눈의 공간 해상도에 관한 내용이다. '2. 우리 눈의 놀라운 색채 정보 보정 능력'에서는 우리 눈이 가지고 있는 놀랍고도 흥미로운 자동 색채 보정 능력에 대한 내용을 다룬다. '3. 우리 눈의 놀라운 시야 정보 보정 능력'에서는 우리 눈의 시각 능력은 중심와 일부 시야에서만 정밀도가 뛰어나고 주변시의 정밀도는 형편없는데, 왜 우리는 이를 불편하게 느끼기는커녕 그 사실조차 모르는지에 대한 이유를 소개한다. 마지막으로 '4. 우리 눈의 놀라운 시각 정보 처리 능력'에서는 인간의 눈을 실제로 공학적으로 형상화했을 때 고려할 점 몇 가지를 정리해본다.

1.
우리 눈의 해상도는
몇 화소 정도일까?

카메라의 성능에는 다양한 기준이 있지만, **화소**(畫素, Pixel)는 그중에서도 가장 대표적인 기준이라 할 수 있다. 화소 수가 많은 사진일수록 더 많은 정보를 담을 수 있고, 그런 사진을 찍을 수 있는 카메라일수록 성능이 뛰어나다고 할 수 있다. 전문가들이 쓰는 카메라가 아닌, 그저 휴대전화 카메라의 해상도 지금은 몇백만 화소 수준은 되는 듯하다. 그렇다면 우리 눈은 몇 화소 정도될까? 눈도 카메라와 마찬가지로 시각 정보를 받아들이는 장치인데, 사진에서의 화소 수처럼 우리 눈에도 화소 수 같은 것을 정의할 수는 없을까? 그렇게 된다면 카메라의 성능과 비교했을 때 대략 우리 눈의 성능이 어느 정도인지를 가늠할 수 있게 될 것이다.

보통 사진은 일반적으로 화소 수를 기준으로 **해상도**를 정의하지만, 인간의 눈에는 사진에서의 화소 수와 같은 성능을 평가하기 위한 보편

·객관적인 기준이 없다. 아쉬운 대로 화소 수 대신 그 기준을 빛을 감지하는 신경세포인 광수용체 세포의 개수로 한다면 눈의 해상도는 '1억 화소' 정도이다. 그 까닭은 우리 눈의 망막에 있는 광수용체 세포의 수가 대략 1억 개이기 때문이다.

그러나 이런 접근은 너무나 원론적이고 단순하다. 먼저, 우리 눈에는 광수용체 세포로 **막대세포, 원뿔세포** 두 가지가 있다. 이 중 막대세포가 1억 2천만 개 정도, 원뿔세포가 600만 개 정도이다. 문제는 일상적인 시력인 '낮 시력'을 결정하는 세포는 막대세포가 아닌 원뿔세포라는 점이다. 밤에만 작동하다시피 하는 막대세포는 낮 시력과는 거의 관련이 없다(2장 3. 참조). 즉, 광수용체 세포 수를 기준으로 눈의 해상도를 결정해야 한다면 일상적인 시각 능력에 실질적으로 기여하는 광수용체 세포인 원뿔세포 수만을 기준으로 해야 하고, 그렇게 하면 눈의 해상도는 1억 화소가 아닌 이것의 1/20 정도밖에 안 되는 '600만 화소'이다.

하지만 인간 눈의 해상도를 정의할 때 광수용체 세포 수로 접근하는 것 자체에 문제가 있다. 그 까닭은 인간에게 실질적으로 빛에 대한 정보를 인지하게 하는 신경세포는 광수용체 세포가 아니라 **시신경 신경절 세포**이기 때문이다. 즉, 망막에 있는 광수용체 세포에서 발생되는 모든 정보는 일차적으로 시신경 신경절 세포로 전달된 후 뇌로 전달된다. 그렇기에 광수용체 세포가 얼마나 많고 적든지에 상관없이 뇌가 직접적으로 받아들이는 정보의 양은 신경절 세포 수로 결정된다. 따라서 인간 눈의 해상도를 정의하는 데 광수용체 세포 수보다는 신경절 세포 수를 고려하는 것이 더 적절하다 할 수 있다. 그리고 신경절 세포의 수는

100만 개 정도밖에 되지 않는다. 이리하여 단순히 눈과 관련된 신경세포 수를 기준으로 눈의 해상도를 정의한다면 우리 눈의 해상도는 1억 화소도, 600만 화소도 아닌 '100만 화소'이다.

이제야 말하지만, 사실 눈의 해상도를 사진의 해상도와 같은 방식으로 설정해서 정의하려는 것은 어리석은 시도이다. 사진과는 달리 우리 눈의 해상도는 **시야각**에 따라 천차만별이기 때문에 인간 눈의 해상도를 산출할 때 사진처럼 시야 전체를 모두 같은 해상도로 가정해서 접근하는 것은 적절하지 않다(2장 3. 참조). 막대세포는 무시하고 '낮 시력'에 직접적으로 기여하여 실제 시력과 관련이 있는 원뿔세포를 보면 중심 시야에서의 밀도가 주변 시야보다 월등히 높다. 0.5도 이내 시야각에서의 원뿔세포 밀도는 10도 정도 시야각에서의 원뿔세포 밀도의 약 100배이다. 이 말은 중심 시야가 주변 시야보다 센서가 약 100배 높으며, 따라서 해상도도 100배 정도 높다는 것을 의미한다.

중심 시야와 **주변 시야** 사이의 해상도 차이는 이것이 전부가 아니다. 앞서 말한 대로 눈의 해상도를 직접적으로 결정하는 것은 광수용체 세포 수라기보다 신경절 세포 수이다. 광수용체 세포는 여러 개가 단위로 모여 각각 하나의 신경절 세포로 수렴이 되어서 뇌로 전달이 되는데, 중심 시야에서는 광수용체 세포의 정보가 신경절 세포로 거의 1:1의 비로 전달되는 반면, 10도 이상의 주변 시야에서는 그 비가 10:1 정도가 된다. 이는 시신경 신경절 세포가 중심 시야에 있는 광수용체 세포의 정보를 주변 시야보다 10배나 정밀하게 뇌로 전달함을 의미한다. 결론적으로 단순 계산해서 볼 때, 중심 시야의 해상도가 주변 시야의 해상도보다 100×10 해서 1000배 정도 높다.

이렇게 중심 시야만을 기준으로 했을 때 눈의 해상도를 정의하면 어느 정도가 될까? 인간의 중심 시야각을 0.5도로 하고 총 시야각을 70도로 했을 때, 그리고 인간이 모든 시야를 중심 시야의 시력으로 볼 수 있다고 가정할 때 신경절 세포 수를 기준으로 전체 시야에서의 인간 눈의 해상도를 계산해보자. 시야각 0.5도의 중심 시야 면적과 시야각 70도의 주변 시야 면적의 비는 $(\sin(70)/\sin(0.5))^2$인 약 0.0001이다. 만약 중심 시야와 주변 시야 간의 원뿔세포 및 신경절 세포의 조건이 같다면, 모든 원뿔세포와 연결된 신경절 세포의 대략적인 수를 총 신경절 세포 개수인 100만 개로 했을 때 중심 시야에서의 원뿔세포 개수는 100만×0.0001인 100개가 된다. 그러나 앞서 언급한 것처럼 중심 시야와 주변 시야 간의 원뿔세포에 따른 신경절 세포의 분포비는 1:1000이므로, 시야각 0.5도에 있는 모든 원뿔세포와 연결된 신경절 세포의 수는 대략 100×1000인 10만 개가 된다. 그리하여 인간의 총 시야각 70도를 0.5도 중심 시야각과 같은 정밀도로 볼 수 있다고 가정한다면, 인간 눈의 해상도는 0.5도 중심 시야 해상도인 10만에 $(\sin(70)/\sin(0.5))^2$인 10000을 곱하여 최종적으로 약 '10억 화소'가 된다.

마지막으로 또다시 이제야 말하지만, 눈의 해상도를 이렇게 신경세포 수처럼 외부에서 관찰되는 물질적인 것을 기준으로 따지는 것은 별로 의미가 없다. 신경세포 수가 얼마나 많고 적든에 상관없이, 결론적으로 중요한 것은 실제로 우리 눈으로 얼마나 외부를 세세하게 잘 볼 수 있느냐이다. 애초에 우리가 눈의 해상도 정보에서 알려고 했던 것도 사실은 이런 인간의 시각적인 능력 자체에 대한 부분이다. 즉, 신경세포 수는 적지만 앞이 잘 보이는 사람의 시각 해상도는, 신경세포 수는 많지만 앞이 잘 안 보이는 사람의 시각 해상도보다 높아야 한다.

이제 '눈의 해상도는 몇 화소일까?'라는 질문은 '중심 시야의 관찰 정밀도는 얼마나 될까?'로 살짝 바꿔서 접근해야 할 듯하다. 그럼 중심 시야의 **관찰 정밀도**는 어떻게 알아낼 수 있을까? 안타깝게도 이 부분은 신경세포나 뇌 신경다발의 연결성 등을 아무리 관찰하고 분석하고 뒤져봐도 명쾌하게 알 수 없다. 대신 이미 다 알고 있는 아주 쉽고 명쾌한 방법이 있다. 다름 아닌 시력 측정이다.

시력 또는 **정지 시력**은 물체에 대해 변별 가능한 최소 시야각도이며, 인간의 시력은 곧 정지된 물체에 대한 중심와에서의 낮 시력을 뜻한다. 시력은 **란돌트 고리**(Landolt ring)를 이용하여 측정한다. 란돌트 고리는 그림 23에서처럼 우리가 안과 같은 데서 흔히 보는 시력 검사표를 구성하는 **C 형태의 고리**이다. 시력이 1.0이라 함은 5미터 거리에서 란돌트 고리의 1.5밀리미터 틈을 알아볼 수 있는 능력을 말한다. 이는 대략 시야각 기준으로 1분, 그러니까 1/60도에 해당한다. 다시 말해, 인간 눈

그림 23 　란돌트 고리

의 중심 시야 관찰 정밀도를 정의해야 한다면 '시력이 1.0인 사람을 기준으로 시야각 1분이다'가 적당할 듯하다.

다만, 이렇게 하면 단위나 표현 방식이 달라져 인간 눈의 능력과 사진의 성능을 비교·가늠하기가 어렵고 재미도 없다. 굳이 인간 눈의 관찰 정밀도를 사진의 화소 수 식으로 표현한다면 다음과 같다.

앞에서 시야각 1분을 구별할 수 있다는 말을 달리 표현하면, 인간 뇌에서 빛 처리장치가 최소한 시야각 1/60도마다 하나씩 할당되어 있다는 말이다. 만약 모든 시야를 이런 최대 정밀도로 볼 수 있다면(현상적으로는 물론 그렇지 않지만, 뇌의 놀랍고도 신기한 작용으로 시각적인 인지단계에서 인간은 주변 시야와 중심 시야 사이의 시각적인 정밀도 차이를 잘 인식하지 못한다(3장 3. 참조)) 70도는 4200분이고, 70도 원의 넓이는 1분 원의 넓이보다 4200×4200배 크며, 곧 1764만이다. 여기서 시야각의 형태는 완전한 원이 아니므로 이를 고려하여 최종적으로 추산한 시력 1.0을 기준으로 하는 인간 눈의 화소 수는 대략 '1천만 화소'이다. 결론적으로, 굳이 인간 눈의 시각 능력을 사진에서의 화소 수처럼 표현해야 한다면, 1억 화소도, 6백만 화소도, 1백만 화소도, 10억 화소도 아닌, 1천만 화소 정도가 가장 적절한 답이 될 듯하다.

① 광수용체 세포 수 기준으로 보았을 때 인간 눈의 해상도는 6백만 화소이다.

② 시신경세포 수 기준으로 보았을 때 인간 눈의 해상도는 1백만 화소이다.

③ 시력 기준으로 인간 눈의 해상도를 추산해보면, 1.0 기준으로 1천만 화소이다.

덧붙임

1 　정말 마지막으로 또다시 이제 와서 말하지만, 정확한 의미에서 볼 때 카메라에서의 화소 수는 해상도의 척도가 될 수 없다. 카메라에서의 화소 수는 찍은 사진에 담긴 **픽셀**의 수를 가리킨다. 이는 압축하지 않은 사진 파일의 데이터 크기와 비례하며, 사진 파일이 담을 수 있는 최대 정보량과도 비례한다.

　반면, 해상도는 촬영된 사진 정보에서의 공간적인 세밀함, 또는 공간적인 구별의 가능 정도이다. 따라서 화소 수는 작지만 해상도가 좋은 사진이 있을 수 있고, 화소 수는 크지만 해상도가 떨어지는 사진도 있다. 화소 수는 출력 장치의 성능에 가깝고, 해상도는 촬영 장치의 성능에 가깝다. 그러니까 카메라의 해상도를 카메라의 화소 수로 판단하는 것은 틀린 방법이다. 다만 일반적으로 카메라의 화소 수는 카메라의 렌즈 성능 등에 맞춰서 설계하기 때문에 카메라의 화소 수로 카메라의 해상도를 판단해도 크게 문제될 것 같지는 않다.

2.
우리 눈의 놀라운
색채 정보 보정 능력

레티넥스 이론(Retinex theory)은 1970년대 에드윈 H. 랜드(Edwin Herbert Land, 놀랍게도 그는 폴라로이드 회사의 설립자이기도 하다)가 주창한 인간의 **색채 지각 항등성**과 관련된 이론이다. 어떤 특정 조명에 반사되는 특정 물체의 빛은 물체 고유의 색과 함께 조명의 색에도 영향을 받는다. 즉, 같은 물체라도 그 물체가 어떤 조명 아래에 있느냐에 따라 그 물체에서 반사되어 나오는 실제적인 빛의 색깔이 달라질 수 있다.

흥미로운 점은 이렇게 물체에서 감각하는 실제 색깔이 조명 상태에 따라 바뀌어도 인간은 그 물체를 항상 비슷한 색으로 인지한다는 것이다. 그리하여 어떤 조명 아래에 있어도 우리는 그 물체 고유의 색깔을 지각하는 데 큰 어려움이 없다. 이는 조명 아래에 있는 물체의 색을 지각할 때, 우리의 뇌가 조명 상태에 따라 왜곡되는 색채감각 정보를 미리 계산하고 보정까지 해서 물체의 색깔을 지각하기 때문이다(1장 2. 참조).

이러한 뇌의 능력으로 우리는 백열등 아래의 빨간 돼지 저금통과 햇빛이나 형광등 아래에 놓여 있는 같은 돼지 저금통을 다른 것으로 착각하지 않는다. 반면, 이런 뇌의 **자동 보정 능력** 때문에 우리는 경우에 따라 특정 색을 실제와는 전혀 다른 색으로 인지할 수도 있으며, 때로는 아주 재미있는 착시도 가능하다. 예전에 인터넷에 한창 떠돌던 출처를 알 수 없는 그림 24가 그 예다.

그림 24 색 착시

보는 사람을 기준으로 할 때 이 그림에서 왼쪽 눈의 실제 색은 놀랍게도 오른쪽 눈의 색과 같은 회색이다. 어떻게 이런 일이 가능할까? 분명히 왼쪽 눈의 색은 오른쪽 머리핀 색인 청록색(cyan)처럼 보이는데. 이는 조명 상태에 따른 전형적인 뇌의 **색채 보정 능력**으로 발생하는 착시다. 왼쪽 눈에서 반사되는 실제 색은 회색이지만, 우리 뇌가 붉은색 조명 상태를 계산해서 내놓은 왼쪽 눈에 대한 지각 색은 청록색이다.

우리의 눈에는 색을 감각하는 세 가지 광수용체 세포가 있고, 이 세포들은 각각 빨강색(R), 초록색(G), 파란색(B) 대역의 가시광선에 반응한다. 따라서 우리가 보는 무수한 많은 색깔도 이 빛의 3원색의 3차원 **색좌표 정보**(R, G, B)로 표현할 수 있다(5장 4. 참조).

각 세포마다 반응성 정도를 0에서 255단계로 구분한다면, 빨간색의 색좌표 값은 (255, 0, 0), 초록색의 색좌표 값은 (0, 255, 0), 파란색의 색좌표 값은 (0, 0, 255)이다. 파란색과 초록색을 합친 청록색의 경우 (0, 255, 255)이며, 빨간색과 초록색을 합친 노란색은 (255, 255, 0)이며, 빨간색과 파란색을 합친 심홍색(magenta)은 (255, 0, 255)이다. 또한 무채색에서 밝은 무채색 흰색은 (255, 255, 255), 어두운 무채색 검은색은 (0, 0, 0)이며, 중간 밝기 무채색인 회색의 색좌표 값은 (127, 127, 127)이다.

밝기는 원색에도 마찬가지이다. 예를 들어 밝은 빨강이 (255, 0, 0)인 반면, 중간 밝기의 빨강은 (127, 0, 0)이고, 어두운 빨강의 색좌표 값은 (1, 0, 0) 형태로 표현할 수 있다.

앞서 **색채 보정 착시 현상**을 3차원 색좌표 형태로 표현해서 설명하면 다음과 같다. 즉, 조명색(L)은 탁한 밝은 붉은색(255, 127, 127)이고, 물체 고유색 (C)를 청록색(0, 127, 127)이라고 하자. 그리고 물체의 고유색 (C)가 조명색 (L)에 의해 반사된 물리적인 빛의 색을 L(C)로 하고, 인간이 인지하는 조명에 의한 물체 빛의 색을 H(L(C))라고 하자. 먼저, L(C)의 색을 3차원 형태로 표현하면 어떻게 될까? 결론적으로 말해, 탁한 밝은 붉은색 조명에 반사되어 전달되는 청록색 물체의 실제 색은 (127, 127, 127)인 회색이다. 그럼, 인간에게 보이는 L(C)인 H(L(C))는 어떻게 될까? 역시 결론적으로 말하면 이 색은 (0, 127, 127)인 청록색이다. 즉, H(L(C))=C와 같다. 정리하면, 붉은색 조명에 따라 회색으로 감각되지만 사실은 청록색인 물체를 우리는 붉은색도 회색도 아닌, 다시 원래 물체의 고유색인 청록색으로 지각한다.

그림 24에서 왼쪽의 얼굴과 배경이 모두 붉은색으로 덧칠되어 있으므로 우리는 자연스럽게 얼굴 왼쪽만 붉은색 조명 아래에 있는 것으로 인지한다. 그리고 위의 설명에 따라, 붉은 조명 아래에 있어 회색으로 감각되는 물체를 우리는 청록색 물체로 지각한다. 결론적으로, 붉은색 조명 아래 있는 것으로 인지되는 왼쪽 눈에서 감각하는 회색을 우리는 회색이 아니라 청록색으로 지각한다. 놀랍지 않은가?

이렇듯 인간의 색에 대한 자동 보정 작용에는 보편적인 공식이 있는 듯하다. 이미 알려진 사실인지는 모르겠지만, 적어도 필자의 계산에 따르면 다음과 같다. 조명빛(L)의 3원색 성분은 **색채 성분**(Color component)과 **명암 성분**(Dark-bright component)으로 나눌 수 있다. 명암 성분은 RGB 세 값 중에서 최소값으로 통일된 공통 성분 (D, D, D)이고, 색채 성분 (RC, GC, BC)은 빛 성분에서 명암 성분을 뺀 값이다. 따라서 조명빛 (L)은 (RC+D, GC+D, BC+D) 형태로 둘 수 있다. 예를 들어 앞서 탁한 밝은 붉은빛(255, 127, 127)에서의 명암 성분은 여기서의 RGB 세 값인 255, 127, 127 중에 최소값인 127로 통일된 빛 성분인 (127, 127, 127)이 된다. 그리고 탁한 밝은 붉은빛의 색채 성분은 탁한 밝은 붉은색 성분(255, 127, 127)에서 이 빛의 명암 성분인 (127, 127, 127) 값을 뺀 (127, 0, 0)이 된다. 마지막으로 탁한 밝은 붉은빛을 색채 성분과 명암 성분으로 재조합하면, (127+127, 0+127, 0+127)의 형태가 된다.

계산에 따르면, 물체의 고유색 (C)를 (R, G, B)로 했을 때, 조명 아래에 있는 물체로부터 전달되는 빛의 성분인 L(C)는 (RC+D×R/255, GC+D×G/255, BC+D×B/255)가 된다. 예를 들어, 탁한 밝은 붉은 빛 L=(127+127, 0+127, 0+127) 아래에 있는 고유색이 청록색인 물체 C=(0, 255, 255)에서 전달되는 물리적인 실제 빛 성분인 L(C)는 (127+127×0/255, 0+127×255/255, 0+127×255/255)이고, 이것은 빛 성분이 (127, 127, 127)인 회색이다.

마지막으로, 인간에게 보이는 L(C)인 H(L(C))는 다시 C이므로 H(C)는 C에 대한 함수 L인 L(C)의 역함수 형태가 된다. 즉, L(C)=c=(r, g, b)로 둔다면, H(L(C))=H(c)는 (255×(r-RC)/D, 255×(g-GC)/D, 255×(b-BC)/D)이다. H(c) 공식과 붉은 조명빛(L)을 통해서 보이는 물체의 물리적인 색 c가 회색이라는 정보에서 우리에게 인지되는 물체의 고유색을 계산해보면 다음과 같다.

c=(r, g, b)=(127, 127, 127)

L=(255, 127, 127) eL=(127+127, 0+127, 0+127)

eRC=127, GC=0, BC=0

D=127

⇒ H(L(C))=〔255×(r-RC)/D, 255×(r-GC)/D, 255×(b-BC)/D〕

⇒ H(L(C))=〔255×(127-127)/127, 255×(127-0)/127,

  255×(127-0)/127〕=(0, 255, 255)

즉, 물체의 고유색인 청록색 C가 된다.

●● 세 문장 요약

❶ 동일한 물체라 해도 어떤 색의 조명 아래 있느냐에 따라, 물체에서 실제로 눈으로 전달되는 색 정보는 달라질 수 있다.

❷ 그럼에도 인간은 조명 색과 상관없이 동일한 물체에서는 동일한 색감을 느낀다.

❸ 이는 인간의 뇌가 자동적으로 조명에 따라 물체의 색채 정보가 바뀌는 것까지 고려해서 물체의 색을 지각하기 때문이다.

3.
우리 눈의 놀라운
시야 정보 보정 능력

평소에는 잘 인식하기 어렵지만, 우리의 시력은 사실 시야각에 따라 엄청나게 다르다. 우리 눈은 시야각이 0.5도 안팎인 중심와 부근에서만 특히 잘 보이고, 거기에서 조금만 벗어나도 그 정밀도는 형편없이 떨어진다(2장 3. 참조). 다음 그림 25는 시야를 한가운데 고정했을 경우 모든 글자가 똑같은 정밀도로 보이도록 제작한 것이다(실제로 시야를 중심점에 두고 문자판을 보기 바란다). 이 그림에서 특정 시야에서의 시력 정밀도는 글자 크기에 반비례하는 형태로 반영이 된다. 중앙에 있는 글자 A와 바깥에 있는 글자 A의 크기를 비교해보면 중심와와 주변시 사이의 공간 정밀도 차이가 어느 정도인지 대략 가늠할 수 있다.

이처럼 시야 전체에서 **공간 정밀도**가 엄청나게 차이가 나는데도 우리는 거의 눈치채지 못한다. 왜 그럴까? 그전에 먼저, 왜 우리 눈은 시야 전체가 똑같이 정밀하지 않고 중심의 아주 일부분에서만 잘 보이는

그림 25 시야 정밀도를 보여주는 문자판

지부터 생각해보자. 왜 이렇게 되었을까? 왜 우리 눈은 시야의 중심와 부근에만 정밀할까? 중심와에서의 광수용체 세포 밀도가 주변 시야보다 높아서일까? 물론 중심와 부분이 주변시 부분보다 '전체' 광수용체 세포가 많은 것은 사실이다. 그러나 그 차는 그리 크지 않다(2장 3의 그림 19 참조).

시야에서의 정밀도에 차이가 나는 더 근본적인 이유는 우리 눈에서 빛을 수용하는 세포인 **광수용체 세포**가 C(cone, 원뿔)형 광수용체 세포와 R(rod, 막대)형 광수용체 세포 두 가지라는 데 있다(2장 3. 참조). **시야 정밀도**의 차이는 망막이라는 한정된 공간에 이 두 가지 세포가 공평하게 들어서지 않고 자리를 양분하듯 불균일하게 분포하면서 발생한다. 우리가 말하는 일반적인 시력, 또는 위의 문자판을 보는 시력은 이 두 종류의 광수용체 세포 중에서 낮 시력을 담당하는 C형 세포 한 가지로만 결정된다. 그리고 이 C형 세포는 중심와 부근에만 고도로 밀집되어 있어 우리는 중심와 부근에서만 물체를 명확히 볼 수 있게 된 것이다.

이처럼 중심와 부근에 C형 세포가 빽빽하다는 것은 반대로 중심와 부근에는 밤 시력을 담당하는 R형 세포가 거의 없음을 뜻한다. 대신 R형 세포는 망막의 주변시 공간을 독점하다시피 한다. 만약 우리 눈에 C형 세포든 R형 세포든 한 가지만 있다면, 또는 두 세포가 균일하다면 우리 눈의 시야각 정밀도는 비슷할 것이다. 그러나 그런 상황이 벌어지면 우리는 밤과 낮 중 한 시기에는 아무것도 보지 못하거나 또는 초저녁과 새벽녘만 볼 수 있다. 그러므로 우리의 망막 안에서 낮 시력을 담당하는 C형 세포가 중심와 자리를 차지한 것은 인간이 밤과 낮 중에서 주로 낮에 활동하면서 진화한 것과 관련이 있다.

다시 돌아와서, 그럼 왜 우리는 이처럼 엄청난 시야에서의 공간 정밀도 차이를 눈치채지 못할까? 우리의 눈은 중심와 부근에만 정밀하게 볼 수 있음에도 우리는 불편해하기는커녕 이 사실을 평소에 거의 느끼지 못한다. 이로 인한 불편함이 있다면 아마 커닝을 하려고 마음먹을 때일 것이다. 어떻게 이럴 수 있을까? 이는 주의집중 대상에 맞춰 능동적으로 움직이는 안구 때문이다. 전방으로 보이는 시야 전체를 편하게 볼 수 있게 우리 눈은 모든 시야의 정밀도를 균일하게 하기보다는 주의대상에 맞춰서 안구를 수시로 움직이게 하는 방법을 택한 것이다(다만, 같은 조건에서 조류는 안구 움직임보다는 주로 머리 움직임으로 주시를 안정화한다).

주의를 기울이지 않으면 잘 인식하지 못하겠지만, 사실 우리 눈은 특별한 관심 대상이 없을 때에도 수시로 움직이며 눈앞에 관심 대상이 있는지를 능동적으로 살핀다. 그러다가 관심 대상이 나타나면 그 대상물이 중심 시야 쪽으로 오게끔 안구를 순식간에 움직인다. 뭔가를 살펴볼 때도 마찬가지이다. 책이나 얼굴 같은 특정 대상을 살펴볼 때 우리 눈은 그중에서도 주의집중하려는 부분에 맞춰서 수시로 대상에 따라 움직인다.

우리 눈을 에어컨, 전체 시야를 방 전체, 관심 대상을 우리 몸으로 비유해보자. 이 경우, 우리의 눈인 에어컨은 전체 시야라는 방 전체를 시원하게 하지는 않는다. 대신 우리의 에어컨은 관심 대상인 우리 몸을 능동적으로 따라다니며 그 부분에만 냉기를 뿜는다. 이렇게 에어컨은 우리에게 필요한 부분에 필요한 만큼의 냉기를 뿜어주므로 방 전체가 시원하지는 않지만 방에서 시원하게 지내는 데 부족함이 없다. 나아가 우리는 방 전체가 시원할 것이라고 착각하기도 한다.

이러한 우리 눈의 에어컨은 방 전체에 냉기를 뿜는 에어컨보다 훨씬 효율적임은 두말할 것도 없다. 다만 이렇게 하려면 에어컨은 그만큼 부지런하고 똑똑해야만 한다. 그리고 실제로 인간의 눈은 이런 식으로 부지런하고 똑똑하게 작동하고 있다. 우리의 뇌는 이런 식으로 한정된 부분에서의 정밀 시야만으로도 모든 시야로 관심 대상을 살펴보는 데 크게 불편함이 없게 한다.

이처럼 안구가 관심 대상에 맞춰서 능동적으로 움직이기 때문에 **안구 움직임**은 **주의집중**과 밀접하게 관련 있다. 그러나 안구 움직임에 직접적으로 관여하는 뇌 부위는 고등 정보를 처리하는 대뇌가 아닌, 낮은 단계의 뇌 작용을 처리하는 **뇌신경**(동안신경(뇌신경Ⅲ), 활차신경(뇌신경Ⅳ),

외전신경(뇌신경Ⅵ))이다. 따라서 안구 움직임에는 반사적인 부분이 있다. 몸이 움직이면 그에 맞춰서 눈알도 움직이는 **전정 안반사**(vestibular ocular reflex)가 그중 하나다. 우리가 특정 물체를 바라보면서 머리를 움직여도 그 물체를 보는 데 문제가 없는 것도 이 전정 안반사 때문이다. 반대로, 머리를 움직이지 않고 물체를 흔들면 이는 전정 안반사로도 어쩔 수 없으므로 물체를 자세히 볼 수가 없다.

제자리에서 열심히 돌다가 갑자기 멈추면 주변 모두가 빙글빙글 도는 듯 어지럽고, 눈동자도 스스로의 의지와 상관없이 계속 돌아가는데 이 또한 전정 안반사 때문이다. 돌던 몸은 멈추었지만 구성 물질이 유체인 전정기관의 센서는 그 순간에도 계속 작동하여 우리는 여전히 돌고 있다고 느낀다. 동시에 전정기관 센서는 전정 안반사 신경에 계속 신호를 보내므로 눈동자도 그에 맞춰서 돌아간다. 또한 잠잘 때 주기적으로 관찰되는 눈알의 움직임인 **REM 수면**에서의 안구 움직임도 불수의적인 안구 움직임 중의 하나이다(1장 4. 참조).

이처럼 안구 움직임에는 낮은 단계의 뇌 작용과 함께 주의집중 같은 높은 단계의 뇌의 작용이 관여하므로 뇌 작용에서 안구의 움직임의 의미는 대단히 크다고 할 수 있다. 심지어 대뇌 전두엽에는 전두 안구 영역이라는, 아예 수의적인 안구 움직임을 담당하는 곳이라는 뜻에서 이름을 붙인 뇌 영역도 있다. 또한 눈동자 움직임과 관련한 내용을 모아서 별개의 장(chapter)으로 정리한 신경과학책이 있을 정도이다. 안구를 관심 대상 쪽으로 움직여 대상에 맞춘 뒤 시선을 고정하기까지의 과정과, 그 과정에 관여하는 뇌 영역을 정리해보면 다음과 같다.

: 관심 대상 쪽으로 시선을 이동하기까지 뇌의 작용

아무 생각 없이 주변을 보고 있는데 갑자기 눈앞에 뭔가가 불쑥 나타나서 움직이거나 또는 특정 관심 대상을 발견하면 주의가 쏠리면서 머리와 눈알이 자연스럽게 그 물체 쪽으로 맞춰져 재빨리 움직이게 된다. 그로 인해 우리는 그 대상 물체의 상이 망막의 중심 시야에 들어오면서 자세히 볼 수 있다. 이는 반사 수준의 **시각 주의**(attention) 작용이다. 이러한 **정위반응**(定位反應, orientating response) 작용에 직접적으로 관여하는 뇌 영역은 중뇌에 있는 **상소구**(superior colliculus)이다. 망막 신경절 세포의 무려 10퍼센트가 투사되는 상소구는 돌발적인 주의집중 상황에 반사적으로 반응하는 데 특화된 뇌 영역이다. 그러나 외부로부터 들어온 시각 정보를 통합하여 상소구로 하여금 어느 쪽 눈동자를 움직이게 할지를 결정하는 안구 영역은 따로 있으며, 그 영역은 뇌의 거의 대부분 영역에 분포한다. 단지 눈알을 조금 움직이는 이 움직임을 수행하려면 **공간 주의**와 시각 주의라는 뇌의 본질적인 작용이 필요하다.

대뇌에는 수의적인 눈동자 움직임에 관여하는 몇몇 안구 영역이 있는데 그중 하나가 앞에서 언급한 전두엽에 있는 **전두 안구 영역**이다. 이렇게 이름까지 지정받지는 못했지만 전두엽에는 또 다른 안구 움직임을 담당하는 보조 안구 영역이 있고, 두정엽에도 **두정 안구 영역**이 있으며, 하측두엽에도 안구 움직임에 관여하는 영역이 있다. 대뇌의 또 다른 영역 변연계 중의 일부인 전대상피질과, 눈에서 시각 신호를 직접 받아들이는 일차 시각피질 영역인 **선조 외 피질영역**에도 안구 움직임에 관여하는 영역이 있다. 소뇌에는 **안구운동 벌레엽**이라는 수의적인 안구 움직임과 관련한 영역이 있다. 간뇌에도 마찬가지로 **시상침**(pulvinar)과 **기저핵**에 안구 움직임과 관련한 영역이 있다. 뇌의 구조를 보편적인 기준으로 분류할 때 대뇌, 소뇌, 간뇌, 중뇌, 뇌간으로 나누기 때문에, 이렇듯 눈동자를 관심 대상 쪽으로 이동하는 데 사실상 뇌의 거의 모든 부위가 관여한다고 볼 수 있다.

　그림 26은 뇌에 분포하는 안구운동 영역들을 대략적으로 표시한 것이다. 이 안구운동 영역들 중에는 안구 움직임 방향에 따른 활성화 특성이 지도 형태를 구성할 정도로 안구 움직임 수행에 관여도가 깊은 안구운동 영역도 있다. 지금까지 말한 이러한 안구운동은 주로 거시적인 움직임이며, 무의식적으로 반응하지만 의식적으로 어느 정도 통제할 수 있다.

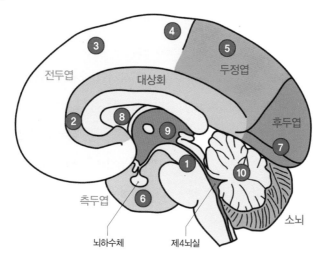

그림 26　안구 움직임과 관련한 뇌 영역

❶ 중뇌(뇌간), ❷ 전대상피질(변연계-대뇌), ❸ 전두 안구 영역(대뇌), ❹ 보조 안구 영역(대뇌), ❺ 두정 안구 영역(대뇌), ❻ 하측두엽(대뇌), ❼ 선조 외 피질영역(대뇌), ❽ 기저핵(대뇌), ❾ 시상침(간뇌), ❿ 소뇌(안구운동 벌레엽)

: 안구를 관심 대상에 맞추기까지 뇌의 작용

특정 관심 대상으로 옮긴 눈의 초점을 대상에 맞추는 데에도 뇌의 많은 영역이 직·간접적으로 관여한다. 먼저 관심 대상 물체에 시야의 초점을 맞춰서 물체의 상이 눈의 망막에 정상적으로 맺혀야 한다. 이 과정에서는 중뇌(뇌신경Ⅲ)의 반사작용으로 각막 안쪽에 위치한 수정체의 두께가 관심 물체와의 거리에 맞게 적절히 조절된다. 수정체의 두께 조절과 함께 물체를 제대로 인식하려면 두 눈동자의 시선 각도가 물체와 서로 연동하여 조절되어야 한다. 두 눈동자 중 하나라도 시선이 물체와 맞지 않거나 서로 각도 조율이 되지 않으면 물체는 두 개로 보일 수도 있다(4장 3. 참조). 이 과정에는 시각피질에서 상의 거리를 계산하는 과정과 뇌신경(Ⅵ)에 의해 그 거리에 맞게 두 눈의 시선방향을 조절하는 과정이 필요하다.

: 관심 대상에 시선을 지속적으로 고정하기까지 뇌의 작용

이제 마지막으로 눈동자가 특정 관심 대상에 맞춘 다음 그에 눈동자를 고정하는 데 뇌가 어떻게 작용하는지를 다룰 차례다. 앞에서 말했듯 우리의 눈은 자동 반, 자의 반으로 끊임없이 움직인다. 그저 책이나 TV를 볼 때 우리의 눈동자는 1초에도 몇 번씩 껑충 움직일 수 있다. 그러나 우리가 집중하지 않으면 이런 안구 움직임은 잘 의식하지 못한다. 집중한다 해도 시선이 이동하는 중간에 **자극 공백**이 생긴다는 것까지는 인지하기 어렵다. 이러한 안구의 **거시적 도약운동**은 집중만 한다면 의식적으로 억제할 수 있다. 대부분의 장치는 보통 때에는 가만히 있다가 특

정한 자극이 주어지면 활동하는 반면, 수시로 이리저리 움직이는 눈동자는 인위적으로 통제해야 움직이지 않는다. 이렇게 일부러 주의 대상을 한곳에 지속적으로 고정하여 안구의 거시적 도약운동을 통제하려는 데에는 시선 주의와 함께 또 다른 형태의 주의집중이 작용해야 할 것이다.

그러나 아무리 집중한다 해도 눈알은 조금씩이지만 끊임없이 움직인다. 완전히 고정할 수는 없다는 뜻이다. 이렇게 시야를 고정하려 해도 의도하지 않게 계속 미세하게 일어나는 안구의 움직임을 **미시적 도약운동**이라 한다. 일반적으로 이런 미시적 도약운동은 거시적 도약운동과는 달리 의지로 통제할 수 없으므로 어떤 곳에 시선을 고정한 채 안구의 미세한 움직임까지 완전히 통제하는 것은 거의 불가능하다. 시선을 어느 한군데 고정하고 있다고 생각하는 순간에도 우리의 눈동자는 사실 미세하게나마 끊임없이 움직이고 있다.

안구의 미시적 도약운동은 우리 눈의 원활한 시각 기능을 위해서 꼭 필요한 것이기도 하다. 안구 움직임이 우리 눈의 불균일한 **시야 정밀도**와 관련이 있다고 했는데, 모든 시야에서 정밀도가 균일하다 해도 이러한 미세한 도약운동 정도는 필요하다. 왜냐하면 신경세포는 기본적으로 주의를 기울이지 않는 고정불변 자극에 **순응** 또는 적용하여 **반응성**이 떨어지거나 아예 반응하지 않기 때문이다. 따라서 시신경도 고정 자극에 계속 노출되면 민감도가 떨어져 급기야 반응하지 않는데 이를 방지하기 위해서라도 안구가 미세하게 계속 움직여야만 한다. 안구의 미시적 도약운동이 없는 상황에서 발생할 수 있는 이러한 상황은 그림 27에서 간접적으로 체험할 수 있다. 되도록 가까이에서 그림 27의 가운데

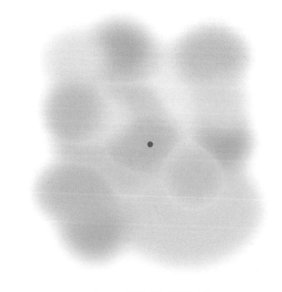

그림 27 그림의 가운데 점을 보라

점을 계속 보고 있으면 그림이 점점 백지처럼 보일 것이다. 안구가 미시적으로 계속 움직이고 있음에도 이 그림에서는 색깔이나 명암에서의 공간 해상도 정보가 너무 낮아(쉽게 말해서 너무 흐릿해서) 시신경이 순응되어 그림이 사라진다.

이렇듯 안구가 미세하게 움직이지 않으면, 높은 **공간 해상도 정보**가 넘쳐나는 일상 환경에서도 우리는 수시로 이렇게 암흑이나 백지를 경험하게 될지도 모른다. 그렇다고 이 때문에 일부러 의식적으로 눈을 움직이라는 말은 아니다. 앞서 말했듯이 우리 눈은 자동적으로 미세하게 계속 움직이고 있기 때문이다. 안구의 미세한 도약운동 역시 다른 안구 움직임처럼 뇌신경Ⅲ인 동안신경의 신호에 따라 작동하는 것으로 추정하고 있다.

세 문장 요약

1 우리 눈의 시력은 전체 시야에서 아주 일부인 중심와 부근에만 대단히 좋고 나머지는 형편없다.

2 그럼에도 우리가 주변을 보는 데 특별한 불편을 느끼지 않는 것은 주의집중 대상에 따라 수시로 움직이는 눈동자에 의한 우리 뇌의 놀라운 시야 정보 보정 능력 때문이다.

3 주의집중과 관련한 눈동자의 움직임에는 거의 뇌 영역 전체가 구석구석 관여하고 있다.

참고 자료

• 탐 스태포드·매트 웹 지음, 최호영 옮김. 『마인드 해킹』. 황금부엉이, 2006.

• Anstis, S. M. "A chart demonstrating variations in acuity with retinal position", *Vision research*, volume 14. 1974.

• Nolte, John. *The human brain: An introduction to its functional anatomy*. Mosby, 1999.

4.
우리 눈의 놀라운
시각 정보 처리 능력

30년 전쯤에 개봉한 영화 「터미네이터」에서는 터미네이터라는 미래형 휴머노이드(humanoid) 로봇이 등장한다. 영화에서 이 로봇은 강한 전투력과 함께 높은 수준의 판단력과 학습 능력을 발휘한다. 또한 이 로봇의 시각 정보를 처리하는 능력은 놀라울 정도로 훌륭하다. 특히 영화 초반부에 터미네이터가 자신이 입을 옷을 구하려고 주변에 움직이는 사람이 입은 옷을 주변 배경에서 분리 구분하여 그 크기를 계산한 뒤 자신에게 맞는지를 확인하는 과정을 터미네이터의 시각으로 연출한 장면이 그러하다.

인간에게는 지극히 쉬워서 놀라울 것도, 새로울 것도 없어 보이는 이 당연한 과정에는 사실 이해하기 힘든 뇌의 경이로운 수많은 작용이 관여하고 있어 현대의 영상 처리 기술로는 비슷하게 구현할 수가 없다. 인간은 엄두도 낼 수 없는 수만 가지 복잡한 계산을 순식간에 해내는 컴퓨터가 어린이도 할 수 있을 법한 이런 일을 못한다는 것은 참 역설적이면서도, 뇌에서 컴퓨터와는 근본적으로 다른 방식으로 정보를 처리하고 있음을 느끼게 한다.

이런 복잡하고 난해하게 보이는 시각 정보 처리가 아닌, 기본적인 빛 자극 정보를 처리하는 것은 지금의 간단한 디지털 센서 기술로도 구현할 수 있다. 빛 정보를 통제하려면 먼저 빛 자극을 받아들일 수 있는 능력과 그 빛 자극을 전기적인 신호로 변환하여 정보화할 수 있는 능력이 필요하다. 디지털 장치에는 빛 정보를 받아들이는 인간의 눈에 해당하는 카메라 센서가 있다. 또한 인간이 눈을 통해 받은 빛 자극을 전기적인 신호로 변환하여 시각피질에서 감각한다면, 디지털 장치는 센서를 통해 받은 빛 자극을 전기적인 신호로 변환한 뒤 모니터 같은 것을 통해서 보여준다.

인간의 일차적인 시각 기능을 담당하는 눈과 시각피질, 그리고 빛 정보 처리를 담당하는 디지털 장치인 카메라와 모니터 사이의 상호 유사성과 차이점을 살펴보는 것은 인간의 고위 시각 인지 기능을 이해하기 위한 좋은 시작점이 될 것 같다.

먼저, 인간의 **시각 인지 능력**이 얼마나 놀라운지를 이해할 필요가 있다. 그래야만 왜 현대 첨단기술로도 인간의 시각 인지 능력을 흉내조차 내지 못하는지 알 수 있을 것이다. 시속 백 킬로미터가 넘는 속도로 날아오는 테니스 공의 구질과 방향을 순식간에 파악하여 되받아치는 선수의 모습은 인간의 놀라운 시각 인지 능력을 잘 보여주는 예이다. 인간의 놀라운 시각 인지 능력의 예는 이처럼 잘 훈련된 사람뿐만 아니라 보통 사람에게도 찾을 수 있다. 누구나 길을 가다가 우연히 지나친 오랜 동창을 어렵지 않게 알아볼 수 있는데, 이런 시각 인지 능력은 참 경이롭기까지 하다.

인간의 능력에 버금가는 시각 인지 능력을 지닌 로봇의 시각 시스템을 구성하는 것이 얼마나 막막한지 조금만 생각해보면 알 수 있다. 만약 인간처럼 테니스를 칠 수 있는 로봇을 구현한다 하고, 이 중에 움직임이나 그밖에 복잡한 로봇의 장치 기능은 빼고, 오로지 로봇의 시각 인지 기능 장치만을 고려하도록 하자. 먼저 구성하려는 시각 장치의 해상도는 인간의 망막에서 전달되는 망막 신경절 세포 수를 기준으로 한다고 했을 때 백만 비트(bit) 정도는 되어야 할 것이다. 또한 로봇이 느낄 수 있는 빛의 밝기 단계를 인간과 비슷한 256단계로 설정한다면 처리해야 하는 정보는 백만 비트가 아니라 백만 바이트(byte: B, 1B=8bit)이다. 게다가 색을 감지하려면 세 가지 독립적인 빛 성분에 대한 정보를 각각 처리해야 하므로 여기에 3을 곱하고, 마지막으로 눈은 두 개이니 여기에다 다시 2를 곱해야 한다. 즉, 단순 계산으로 볼 때 로봇이 처리해야 하는 **시각 정보 처리**의 기본 단위는 약 6메가바이트(mega byte: MB, 1MB=1,048,576B) 정도이다.

그러나 이는 시작에 지나지 않는다. 로봇이 어떤 물체의 움직임 패턴을 이해하고 물체의 다음 움직임을 예측하려면 이전 입력 정보들과 지금 입력 정보를 비교 관찰하여 움직임의 패턴을 분석하는 과정이 필요하다. 로봇을 인간과 비슷하게 20Hz 단위로 시각 정보를 받고, 그때마다 이전의 0.5초 정도 동안에 입력된 시각 데이터들을 통합적으로 분석할 수 있게 만든다고 했을 때, 시스템에서 매초 처리해야 하는 영상은 10장(=0.5초×20Hz)이며 이것을 20분의 1초 만에 수행해야 한다. 정리하면, 로봇이 인간과 같은 시각 정보를 처리하려면 기본단위인 6MB에 10과 20을 곱한 약 1기가바이트(giga byte: GB=1,024MB)가 넘는 정보를 매초마다 처리해야 한다. 이는 어디까지나 순전히 처리해야 하는 정보의 양이 그렇다는 뜻이다. 아직 정보의 처리에 필요한 시간이나 부하는 고려하지도 않았다.

인간의 시각 시스템은, 시스템에서 매 순간 처리하는 시각 정보의 양도 놀랍지만 그 많은 정보를 순식간에 처리하는 능력은 더 놀랍다. 로봇은 매 순간 움직이므로 로봇이 처리해야 하는 시각 정보의 시선방향이나 조명 상태 또한 매 순간 바뀐다. 그렇기에 로봇의 입력 영상에는 일관된 공간과 밝기의 기준점을 찾거나 정할 수가 없다. 이런 환경에서 물체의 3차원 위치를 파악하려면 물체의 공간 정보를 파악해야 하고, 그 정보를 바탕으로 두 눈의 초점을 물체에 맞춰야 한다. 테니스 공처럼 그 대상이 움직이기라도 한다면 물체를 매 순간 파악해서 눈동자를 조절해야 한다. 결론적으로 이런 놀라운 시각 인지 능력을 지닌 카메라를 지금의 영상처리 기법이나 컴퓨터 기술로 만드는 것은 불가능에 가깝다는 결론에 이르게 된다.

그러나 이것이 전부가 아니다. 인간의 시각 인지 능력에서 더 놀라운 점은 물체를 인식하고 탐색하는 능력이다. 만약 집에서 열쇠를 찾는다고 하면, 방금 말한 기가바이트의 정보와 열쇠의 영상 정보를 일일이 비교하는 과정을 거쳐야 한다. 열쇠가 딱 내가 생각하는 그 모양 그대로 있으면 그나마 쉽겠지만 열쇠가 반쯤 가려져 있거나 놓인 방향을 알 수 없으며, 멀리서 작게 보일 수도 있고, 어두운 곳에 있을 수도 있고, 어쩌면 무언가가 묻었거나 찌그러져 있을 수도 있다. 그런 각각의 상황에 따른 무수한 경우의 열쇠 형태가 발생한다. 이리하여 시각 인지 시스템은 엄청난 양의 입력 시각 데이터뿐만 아니라 엄청난 양의 열쇠 형태 조합 데이터를 일일이 비교해야 한다. 이는 실로 엄청난 일이지만, 사람이라면 집에 있는 열쇠를 보통 별 어려움 없이 찾을 수 있다.

인간의 시각 정보 처리에서 아마도 가장 경이로운 점은 이런 물체를 인지하고 탐색하여 주의를 기울일 수 있는 능력이 의도하지 않은 대상에까지도 작용한다는 것이다. 처음에 든 예처럼 우연히 지나친 동창의 얼굴을 알아보는 것이 그 예다. 이런 현상은 인간의 시각 인지 장치가 지금까지 경험으로 보아왔던 수많은 물체들의 패턴을 무의식적으로 지금 들어온 시각 자극과 비교·분석한다는, 터무니없는 결론에 도달하게 한다. 그것도 매 순간! 더구나 오랫동안 보지 못했고 조금은 바뀌었을 수도 있는 옛 친구의 얼굴 형태에 대해 예측하는 여유까지 보이면서 말이다.

용의자의 신원을 확인하기 위한 얼굴 인식 프로그램을 떠올리면 얼마나 대단한 능력인지 알 수 있다. 얼굴 인식 프로그램의 경우, 프로그램을 작동하려면 먼저 용의자의 증명사진 데이터 베이스가 있어야 하고, 증명사진에 버금가는 용의자의 얼굴 사진이 확보되어야 한다. 이런 좋은 조건에서, 그것도 한 가지 조건만 검색하는 데도 프로그램에 적지 않은 시간이 걸리고 오류가 생기는 것과 비교해봤을 때 인간의 얼굴 인식 능력은 기적에 가까워 보인다. 그런 의미에서 인간 수준의 시각 인지 시스템을 구현하는 것은 현재의 접근 방식으로는 불가능하리라 생각한다.

수많은 뇌 기능 중에 시각 기능에 대해서는 특히 연구가 많이 되어 왔다. 그 이유는, **시각 자극**은 다른 감각 자극보다 자극의 강도나 시간이나 속성을 통제하기가 쉽고, 시각과 관련한 신경들의 연결성이나 뇌의 구조적 조직화 정도가 비교적 분명하여 상대적으로 연구하기가 쉽기 때문이다. 또한 뇌의 많은 부분이 시각 정보를 처리하는 데 관여하고 있어 시각은 연구 거리도 많은 주제이며, 인간에게 가장 직접적이고 보편적인 지각이라 가장 일반적으로 접근할 수 있는 뇌 기능의 주제이기도 하다. 이런 의미에서 시각과 관련한 뇌 연구가 여느 뇌 기능의 연구 분야보다 깊고 폭넓게 진행된 것은 당연한 결과이다. 그럼에도 이처럼 인간의 고위 시각 인지 능력은 너무나 훌륭하고 오묘하기에 고위 시각 인지에 대해서는 아직도 이해하지 못한 부분이 태반이다. 다만, 수많은 연구 결과로 눈을 통해 들어온 빛 자극이 어떻게 대뇌까지 전달이 되는지와 같은 **상향식 시각 경로** 특성에 대해서는 어느 정도 자세하게 알려져 있다.

인간은 눈에서 빛을 받아들이는데, 이 눈 중에서도 빛을 직접적으로 감지하는 조직은 눈의 망막 표면에 있는 광수용체 세포다. 이 세포만이 직접적으로 외부의 빛 에너지를 생체 전위로 변환할 수 있다. 이 전위는 마찬가지로 망막 표면의 광수용체 세포 주위에 있는 **양극세포, 수평세포, 무축삭세포** 같은 **망막 신경세포**에 전달되어 다양한 작용을 한다.

그런 뒤 이 전위 신호는 눈에서 뇌로 가는 유일한 출력작용 세포인 망막 신경절 세포로 전달된다. 물리적인 빛 자극 신호는 망막 신경절 세포의 작용을 거친 뒤에야 마침내 주파수 변조 방식의 '디지털' 신호가 된다. 망막 신경절 세포는 뇌의 중계기에 해당하는 시상과 대부분 연결되어 있다. 그리고 이 **시상**이라는 중계기를 거친 빛의 자극 정보가 드디어 도달하는 대뇌 부위는 **일차 시각피질**로 정의한다. 대뇌의 고위 시각 인지 작용은 일차 시각피질에서의 **신경 활동 신호**를 바탕으로 하고 있다. 시각피질에 도달한 대뇌 피질에서의 시각 정보원은 다시 대뇌의 다른 부위와 작용한 뒤, 어떤 특별한 상태에 이르러 마침내 어떤 것을 인지하게 된다.

인지는 주관적인 경험이고, 이런 주관적인 대상을 객관적인 신경생리학적 관점으로 정의하기란 쉽지 않다. 다만, 컴퓨터과학자인 제프 호킨슨(Jeffrey Hawkins, PDA(personal digital assistant)를 발명한 인물이기도 하다)이 『생각하는 뇌, 생각하는 기계』라는 저서에서 제안한 기억-예측 모델에서의 인지는 "피질이 외부 자극으로부터 자동적으로 예측한 다음에 예상되는 감각자극 정보가 실제로 감각된 입력 정보와 일치하여 결합할 때의 의식 상태"다. 외부의 빛에서 어떤 감각이 발생하기까지의 과정을 다시 정리해보면 다음과 같다.

빛 → 광수용체 세포(빛 감지) → 각종 안구 신경세포(신호 변조) → 망막 신경절 세포(대뇌로 신호 전달) → 시상(신호 정리?) → 대뇌 일차 시각피질(대뇌의 시각 신호 정보원) → 대뇌의 다른 부위(인지)

일차 시각피질은 눈으로 들어온 빛에 대한 신경 신호를 처음으로 받아들이는 대뇌 영역이며, 앞으로 다른 뇌 부위가 해야 할 복잡한 신호 처리의 신호원을 제공하는 뇌 영역이다. 일차 시각피질의 활성화 특성은 빛 자극의 세기나 위치 같은 빛 자극의 물리적인 특성에 직접적인 영향을 받는다. 즉 빛의 자극이 세면 일차 시각피질도 더 크게 활성화되고, 일차 시각피질에서의 활성화 부위는 자극된 시각 자극의 시야 위치로 결정된다. 그리고 망막의 자극 위치와 그에 따른 일차 시각피질의 활성화 영역은 1:1 **매핑**(mapping)이 되는데, 이 매핑에는 규칙이 있고 그 규칙에 따른 도식화도 가능하다.

이런 식으로, 자극된 시야의 위치와 그에 따라 활성화되는 일차 시각피질 위치의 상관관계를 도식화한 것이 '**망막위상 지도**(retinotopy map)'이다. 망막위상 지도에는 상하, 좌우, 앞뒤가 뒤바뀌어 있다. 즉, 왼쪽 시야에 시각 자극이 되면 오른쪽 일차 시각피질이 활성화되고, 위쪽 시야에 시각 자극이 되면 아래쪽 일차 시각피질이 활성화되며, 시야의 중간에 시각 자극이 되면 일차 시각피질의 바깥끝 쪽이 활성화되는 식이다. 어찌 되었든 이 지도는, 일차 시각피질의 활성화 특성은 물리적 특성을 직접적으로 반영하며 그 활성화 특성을 바탕으로 실제 자극의 대략적인 물리적 특성을 추정할 수 있음을 보여준다.

지금까지 서술한 인간의 눈으로 들어온 빛의 정보가 시각피질로 전사되는 과정은 디지털 장비의 카메라 렌즈로 들어온 빛의 정보가 화면 장치로 표시되는 과정과 유사한 점이 많다. 눈은 빛을 받아들이는 과정에서 홍채로 빛의 양을 조절하고, 수정체의 두께 조절로 망막에 물체의 상이 맺히게 하는데, 눈의 홍채 역할을 카메라의 **조리개**가 하고, 눈의 수정체 역할을 카메라에서는 **줌** 기능이 대신한다. 그리고 물체의 상이 맺히는 인간의 망막에 해당하는 카메라 부속은 필름 또는 **전하결합소자**(CCD: charge coupled device)이다.

또한 인간이 눈의 망막에 있는 광수용체 세포로 빛을 감지한다면, 카메라는 CCD에 있는 **영상소자**로 빛을 감지한다. 이 영상소자 역시 광수용체 세포처럼 빛이라는 물리적 속성을 전기적인 정보 신호로 변환한다. 영상소자에서 발생한 전기 신호는 CCD의 다른 장치를 통해 보간(interpolation)이나 윤곽 강조 또는 감마 보정 같은 전 처리 과정을 거치는데, 이는 눈에 있는 각종 안구 신경세포들의 역할과 비슷하다.

이런 과정을 거친 CCD의 출력 신호는 인간의 망막 신경절 세포의 출력 신호에 해당하며, 이 신호가 저장 장치로 가서 데이터로 저장되거나 **LCD**(liquid crystal display) 같은 시각 출력 장치로 바로 보이기도 한다. 시각 출력 장치는 디지털화되어 있는 자극된 빛의 정보를 그 위상과 강도에 맞게 시각적으로 표현한다. 즉, 시각 출력 장치는 CCD에서 출력된 시각 정보를 그대로 반영하여 보여주는 장치이다. 이 LCD의 기능은 인간의 일차 시각피질의 기능에 대응할 수 있다. 다시 말해, 일차 시각피질 역시 카메라의 CCD에 해당하는 광수용체 세포로부터 받은 시각 자극의 물리적 특성을 기반으로 반응한다. 이후 컴퓨터에는 그 목적에 맞게 이 LCD에 전사된 영상 정보를 바탕으로 테두리나 공간 고주파수 정보만을 검출한다거나 회전시킨다거나 또는 얼굴을 분할하는 부과적인 장치가 있다. 이는 인간의 고위 시각 영역이나 고위 연합영역의 작용이 일차 시각에서 받은 시각피질 정보로부터 시각 인지 활동을 이끌어내는 것과 같은 형태이다.

지금까지 말한 인간의 시각 조직과 카메라 장치와의 대응을 정리하면 다음과 같다.

광수용체 세포(빛 감지) vs 영상소자 → 각종 안구 신경세포(신호 변조) vs CCD에서 영상소자 이외의 장치 → 망막 신경절 세포(대뇌로 신호 전달) vs CCD 출력 신호 → 시상(신호 정리?) vs ? → 대뇌 일차 시각피질(대뇌의 시각 신호 정보원) vs LCD → 대뇌의 다른 부위(인지) vs 다른 부과적인 장치

카메라 장치와 인간의 시각 조직의 기본 골격을 이렇게 비교해보면 서로 유사하다고 생각할 수도 있다. 그러나 이는 인간의 시각 기능을 지극히 단순하게 간주했을 때의 이야기이다. 다시 말해, 인간의 빛 정보에 대한 일차 처리 과정을 카메라의 과정과 비교하기 위해 아주 단순하게 묘사했을 때의 이야기이다. 이 설명에는 빛의 색깔이나 탁도 정보에 대한 처리는 물론, **양안시**를 통한 3차원 반응이나 동적 시각 자극에 대한 고려도 하지 않았다. 비록 일차 단계이지만, 이 과정에는 빛을 감지하여 그대로 시각피질로 전사하는 절차만 있는 것이 아니다. 무엇보다 이 설명에서는 광수용체 세포를 통해 들어온 빛 자극 정보가 정리되고 추려져 전달되는 과정은 전혀 고려하지 않았다.

앞서 말한 인간의 엄청난 시각 정보 처리 능력은 효율적인 신호 정

리 작용이 뒷받침되어야만 가능하다. 실제로 눈에서 감지한 빛의 정보가 시각피질로 전달되는 과정에는 정보의 양을 줄이기 위한 다양한 신호 처리 절차가 있을 것이다. 그러나 아쉽게도 이런 과정에 대해서는 상세하게 밝혀진 것이 별로 없다. 가장 기본적인 단계라고 할 수 있는 망막에서도 1억 개가 넘는 광수용체 세포들의 신호가 어떤 방식으로 백만 개의 망막 신경절 세포로 수렴되어 작용하는지를 정확히 이해하지 못해 인공망막 같은 것을 적절하게 설계하지 못하는 상황이다. 다만, 이 과정에서는 자극된 시각 정보 중 테두리 부분의 정보나 방향성 정보 등이 추출되고, 그 추출된 정보를 재구성하여 압축된 정보가 다음 단계로 전달되리라 추측한다.

또한 시각 정보가 망막에서 시각피질로 가기 전에 시상을 거치는데 이 시상의 역할도 분명하지 않다. 이 역시 동적인 자극 환경에서 이전 자극 신호와 이번 자극 신호 사이의 차이를 비교하여 변화가 없는 부분의 정보를 정리함으로써 쓸모없는 정보를 삭제하는 과정이 이 시상을 거치면서 일어날 것으로 추정할 따름이다. 처리해야 하는 시각 정보의 양을 줄이기 위해 이런 것들 외에도 다양하고도 기발한 꼼수들이 시각 정보를 일차적으로 처리하는 과정에서 동원될 것이다. 엄청난 광수용체에서의 빛에 대한 신호 정보는 이러한 과정들을 거치면서 정리되고 삭제되어 마침내 중요하고도 꼭 필요한 정보만 추려진다. 이렇게 압축 요약된 정보만을 대뇌 피질로 보내는 것으로 보인다.

이러한 절차로 처리해야 하는 정보량을 대폭 줄임으로써 앞서 말한 거의 불가능해 보이는 인간의 시각 인지 능력을 가능하게 하는지도 모른다. 만약 인간의 놀라운 시각 인지 능력에 버금가는 시각 시스템을 구현하고자 한다면, 공학적인 기술 개발이나 컴퓨터 과학적인 알고리즘 개발 이전에 뇌에서 시각 정보를 정리하고 처리하는 과정부터 정확히 이해할 필요가 있을 듯하다. 그런 의미에서 최근에 부각되고 있는 **딥러닝**(Deep Learning)처럼, 인간의 사고방식을 모델로 해서 **인공지능** 개발 연구에 접근하는 것은 이를 위한 좋은 시도라 할 수 있겠다.

세 문장 요약

❶ 시각 정보를 처리해서 사물을 인식하는 인간의 시각 능력은 경이로울 정도로 뛰어나다.

❷ 지금의 영상 처리 기법이나 컴퓨터 기술로는 인간의 시각 능력을 구현할 수 없다.

❸ 인간의 시각 능력에 버금가는 시스템을 구현하기 위해서는 인간의 뇌에서 시각 정보를 처리하는 방식을 정확히 이해해야 한다.

참고 자료

• 제프 호킨스·산드라 블레이크슬리 지음, 이한음 옮김. 『생각하는 뇌, 생각하는 기계』. 멘토르, 2010.

4장

우리 **눈**의 흥미로운
시각 현상

우리 눈에 대한 대단히 흥미로운 시각 현상이 몇 가지 있다. 여기에서 소개하고자 하는 현상들은 평소 일상생활에서는 거의 느끼거나 경험하지 못하는데, 그 이유는 이 현상들이 특수하게 조작된 상황에서만 일어나기 때문이다. 이 글을 통해서 이런 재미있는 현상을 직간접적으로 체험할 수 있기를 바란다.

'1. 있지도 않은 정보를 만들어내는 맹점 채움 현상'은 맹점에 의해 일어나는 희한한 현상에 관한 내용이다. '2. 멀리서 보면 다른 그림으로 보이는 착시'는 보는 거리에 따라서 그림이 다르게 보이는 착시에 관한 내용이다. '3. 평면 그림에서 입체감을 느끼게 하는 착시'는 평면에서 입체감을 느끼게 하는 놀라운 그림에 관한 내용이다. '4. 너무 빠르게 도는 물체가 멈춘 것처럼 보이는 현상'은 말 그대로 너무 빨리 돌면 멈춰 보이는, 역설적인 시각 현상에 대한 내용이다.

1.
있지도 않은 정보를 만들어내는
맹점 채움 현상

우리의 시야에는 특정 위치에 시각적인 정보가 없는 '**숨은 구멍**'이 있다. **맹점**이라고 부르는 이 시야의 구멍은 우리 눈의 **구조적 결함**으로, 모든 사람의 두 눈에 한 개씩 있다(2장 2. 참조). 시야의 구멍은 은유적인 표현이 아니라 멀쩡한 사진에 난 구멍처럼 실질적인 인간의 시각 정보에 생긴 공백이다. 그것도 제법 크다. 시야에서 맹점이 차지하는 시야각은 대략 3도에서 5도로, 태양의 시야각이 대략 0.5도이니까 맹점 구멍으로 태양이 수십 개가 들어가고도 남는다. 다시 말해, 태양보다 수십 배 큰 물체가 공교롭게도 맹점 위치 시야에 있다면 우리는 그 물체를 볼 수 없을 '수도' 있다. 그러나 맹점을 '숨은 구멍'이라고 표현했듯이, 우리는 맹점에 의한 시각 정보의 결함을 일상에서는 쉽게 인식하지 못한다. 이 맹점의 존재를 인식하고 위치까지 확인해볼 수 있는 간단한 실험은 다음과 같다.

1. 왼쪽 눈을 감고 오른쪽 눈만 뜬다. 오른쪽이 아닌 반드시 왼쪽 눈을 감아야 한다.

2. 시선을 그림 28의 십자 표시 쪽으로 향하게 한다. 동그라미가 아닌 반드시 십자 표시를 보아야 한다.

3. 시선을 십자 표시에 고정한 채로 머리를 그림 쪽을 향해 앞-뒤로 움직인다.

4. 원 표시가 사라지는 시점을 찾을 때까지 머리 움직임을 계속 반복한다. 절대로 실패할 리가 없다.

맹점의 위치는 원 표시가 사라진 시점에서의 원의 시야 위치가 된다.

그림 28 맹점 확인용 무늬

이렇듯 우리 눈에는 커다란 맹점이 분명히 있다. 그런데도 이런 특별한 수고를 하지 않은 다음에야 우리는 평소에 맹점을 인식하지 못할

뿐만 아니라 불편을 느끼는 경우도 거의 없다. 왜 그런지에 대한 이유는 다음과 같이 크게 세 가지이다.

첫 번째, 우리에게는 눈이 두 개이기 때문이다. 우리 눈에는 각 눈마다 하나씩 맹점이 있지만, 전체 시야에서 두 맹점의 위치는 시야의 중앙점을 기준으로 대략 좌우 대칭인 서로 반대쪽에 있으므로 두 맹점은 시야에서 겹치지 않는다. 따라서 한쪽 눈의 맹점으로 인해 시각 정보를 잃는다 해도 반대쪽 눈의 시각 정보로 채워져 보상된다. 결론적으로, 평소처럼 두 눈을 다 뜨고 있는 상태라면 우리는 맹점을 인식할 수 없다. 앞서 맹점 인식 실험을 할 때 왼쪽 눈을 감았는데, 원 표시가 사라진 상태에서 두 눈을 다 뜨면 원 표시는 다시 보인다.

두 눈을 뜨면 맹점을 인식할 수 없다는 것이 곧 한쪽 눈을 감기만 하면 맹점을 바로 인식한다는 의미는 아니다. 즉, 한쪽 눈으로 보더라도 맹점이 쉽게 인식되지 않는데, 이는 맹점을 인식하지 못하는 두 번째 이유인 눈알의 움직임 때문이다. 의식하지는 못하지만 우리 눈은 사실 주의 상태에 따라 수시로 이리저리 왔다 갔다 움직인다. 이를 **안구의 도약운동**(saccadic)이라 한다. 이런 안구의 도약운동에 따라 맹점으로 인한 시각 정보의 공백은 수시로 계속 메워지고, 그 결과 우리는 한쪽 눈으로만 보아도 맹점으로 인한 시야 공백을 느끼지 못한다. 물론 맹점의 위치가 시각 정보의 정밀도가 높은 시야의 중심 부분에 있거나, 맹점의 크기가 안구의 도약운동으로도 극복할 수 없을 정도로 크다면 눈알 움직임으로도 맹점 보상이 힘들 수도 있다. 그러나 시야의 중심에서 대략 15~20도에 위치한 맹점은 시야의 중심에서 어느 정도 벗어나 있고, 맹점의 크기도 안구 도약운동에서의 도약 시야각보다 작다.

　그리고 이제부터 흥미로운데, 그렇다면 한쪽 눈을 감고 안구 도약
운동을 최대한 억제하여 시야까지 고정하면 과연 맹점을 쉽게 인식할
수 있을까? 실제로는 그렇지 않다. 만약 한쪽 눈을 감고 다른 한쪽 눈의
시야를 고정한 뒤 쉽게 시야에서 구멍을 느낀다면 그 구멍은 맹점이 아
니라 녹내장 등으로 인한 시신경의 손상을 의심해봐야 한다. 건강한 정
상 눈이라면 한쪽 눈만 뜨고 시야를 고정해도 맹점은 쉽게 느껴지지 않
는다. 엄연히 눈에 맹점이라는 것이 분명 있는데도 말이다. 이는 우리가
맹점을 인식하지 못하는 그 세 번째 이유인 **맹점 채움**(filling-in) **현상** 때
문이다.[1]

　맹점 채움 현상은 맹점에 의한 시야 공백을 뇌가 맹점 시야의 주변
정보를 바탕으로 알아서 자동적으로 채우는 흥미롭고도 신기한 현상이
다. 맹점 채움 현상을 경험하는 방법은 맹점을 경험하는 방법만큼이나
쉽다. 다음은 라마찬드란 박사가 고안한 방법이다.

1. 왼쪽 눈을 감고 오른쪽 눈만 뜬다.
2. 시선을 다음 그림 29의 검은 원 쪽으로 향하게 한다.
3. 시선을 고정하고 머리를 그림 쪽을 향해 앞-뒤로 움직이면서
　회색 원이 맹점 위치에 가게 한다.
4. 회색 원 부근의 직선이 위아래 분리된 두 개의 직선이 아닌, 연
　결된 하나의 직선으로 느껴질 것이다.

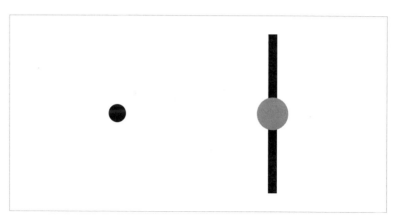

그림 29 맹점 채움 현상 확인용 무늬

맹점 현상대로라면 애초에 시각 정보가 없는, 맹점 위치의 회색 원은 공백으로 느껴져 오른쪽 직선이 아래위가 잘린 두 개의 직선으로 보여야 한다. 그러나 실제로 오른쪽 직선은 두 개가 아닌 붙어 있는 하나의 직선으로 보인다. 이는 회색 원 위치의 시야 공백이 그 위아래 직선 정보를 바탕으로 한 맹점 채움 현상에 따라 검은 막대로 채워졌기 때문이다. 이러한 맹점 채움 현상으로, 우리는 맹점이 있음에도 한쪽 눈을 감고 시야를 고정하고도 맹점으로 인한 시야 공백을 느끼기가 어렵다. 참으로 신기한 점은, 이 맹점 주변의 그림이 어떤 형태인가에 따라 맹점에 채워지는 그림의 양상도 달라진다.[2] 다시 말해, 시야 공백이 자동으로 채워지는 양상에는 어떤 보편적인 원리를 규정하기 어렵고, 그때그때 다른 것처럼 보인다는 것이다. 이런 작용이 뇌의 어느 영역에서 어떻게 결정되는지조차 여전히 확실하지 않은 상태이다.

세 문장 요약

① 우리 눈의 시각적 결함으로 인해 우리의 시야에는 빛이 들어오지 않는 맹점이 있지만, 여러 가지 이유로 우리는 이것을 잘 인식하지 못한다.

② 맹점을 인식하지 못하게 하는 원인 가운데 하나인 맹점 채움 현상은 우리의 뇌가 맹점 부근의 빈 정보를 맹점 주변 정보로부터 자동으로 채우는 현상이다.

③ 명확한 원리나 규칙을 알 수 없는 맹점 채움 현상은 뇌의 주의 집중 현상과 관련이 있다.

참고 자료

• 라마찬드란 지음, 신상규 옮김. 『라마찬드란 박사의 두뇌 실험실』. 바다출판사, 2015.
• 올리버 색스 지음, 김한영 옮김. 『환각』. 알마, 2013.
• 탐 스테포드·매트 웹 지음, 최호영 옮김. 『마인드 해킹』. 황금부엉이, 2006.

덧붙임

1   채움 현상이라 하지 않고 굳이 맹점 채움 현상이라고 한 것은 채움 현상이 맹점에서만 일어나는 것이 아니기 때문이다. 채움 현상은 조건만 맞으면 시각적인 결손이 있는 어떤 시야 위치에서도 일어날 수 있다. 다양한 채움 현상 가운데 맹점 채움 현상은 맹점이라는 태생적인 시각 결손 영역에서 발생하는 채움 현상이다. 녹내장은 망막의 시신경이 다쳐 시야에서의 시력에 결손이 생기는 질환으로, 아마도 후천적인 시각 결손의 가장 일반적인 예가 아닌가 한다.

　　녹내장 환자의 특징은 자신의 시야에 결손이 있음을 일찍 알아채지 못하고, 대개는 병이 제법 진행이 되어 상당 부분의 시야에서 결손이 생기고 나서야 병원을 찾는다는 점이다. 눈에 조그마한 티끌만 들어가도 바로 알아채는데, 시야에 있는 확실한 구멍을 알아채지 못한다면 이는 채움 현상과 관련지어 생각해 볼 수 있다. 실제로 몇몇 녹내장 환자들을 대상으로 간단한 테스트를 해본 결과, 맹점과 함께 시야 결손 영역에서도 채움 현상이 관찰되기도 했다.

2   채움 현상은 분명 착시로 보아야 하겠지만, 그 양상에 일관성이 없다는 점에서는 **유사 환각** 같은 부분도 있다. 유사 환각의 하나인 **샤를보네 증후군**(Charles Bonnet syndrome)은 시력이 손상된 시야 영역에서 실제로 환각 같은 것이 일어나는 질환이다. 채움 현상의 경우, 결손 영역에 채워지는 정보는 결손 영역의 주변 정보에 따라 결정된다. 반면, 샤를보네 증후군 환자의 손상된 시야 영역에서 보이는 것은 주변의 시각 정보와는 전혀 상관없으며, 더군다나 채워지는 것도 단순 무늬가 아닌 특정 물체의 형상이다. 결손 시야 영역에는 처음 보는 사람이나 악보 같은, 전혀 뜬금없는 물체가 보이거나 심지어는 살아서 움직이기까지 한다고 한다.

　　다만, 환각 증상이 분명함에도 샤를보네 증후군을 정신질환으로 분류하지 않는다. 그 이유는 환각을 경험하는 환자가 자신에게 보이는 것들이 실제가 아니라는 것을 아는 수준의 비판적인 사고와 분별력을 지니고 있기 때문이다. 조금 희한하다고 할 수 있는 샤를보네 증후군은 시각 결손 질환 환자의 대략 15퍼센트를 차지한다는 설문조사도 있을 만큼 흔한 질병인 듯하다.

2.
멀리서 보면 다른
그림으로 보이는 착시

먼저, 제법 유명한 다음의 그림 30을 보자. MIT 대학의 오드(Aude Oliva) 박사와 글래스고 대학의 필리페 스킨스(Philippe Schyns)의 '**화난 박사**(Dr. Angry)**와 미소 신사**(Mr. Smile)'이다.

오른쪽 작은 그림 쌍을 보면, 왼쪽 그림은 미소 짓는 듯한 얼굴이고 오른쪽은 화난 얼굴이다. 그 옆에 있는 큰 그림 쌍을 보자. 그 그림의 쌍은 옆의 작은 쌍 그림과 좌우가 바뀌어 왼쪽 그림이 화난 표정이고 오른쪽 그림은 미소 짓는 듯한 얼굴이다. 누가 봐도 그렇다. 이제 이 큰 그림 쌍을 좀 더 멀리서 보자. 시력에 따라 몇 미터 떨어져서 봐야 할 수도 있다. 어느 순간 신기하게도 표정이 바뀐다. 화난 표정이 미소 짓는 듯한 표정으로, 미소 짓는 듯한 표정이 화난 표정으로 바뀐다. 순서가 오른쪽의 작은 그림 쌍과 같다. 그렇다. 오른쪽의 작은 그림은 축소만 했을 뿐, 왼쪽의 큰 그림과 똑같은 그림이다.

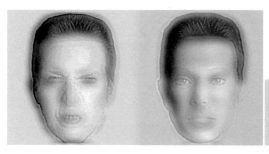

그림 30 화난 박사와 미소 신사 착시 그림

  이러한 현상이 일어나는 원리는 간단하다. 이는 우리의 눈이 물체의 형태를 인식하는 방식과 사람의 눈이 지닌 공간 정밀도의 한계 때문이다. 우리 눈은 고정된 사물의 **형태 정보**를 파악할 때 주로 고주파수의 **공간 정보**를 이용한다(이 글에서 말하는 주파수는 모두 공간 정보에 관한 **공간 주파수**를 뜻한다). 물체의 형태 인식에서는 물체의 고주파수 대역 정보가 중요하게 작용한다. 고주파의 공간 정보는 영상에서 명암 변화율이 높은, 주로 대상의 날카로운 모서리 부분에 해당하는 정보를 가리킨다. 반면, 흐릿해 보이는 저주파 대역의 정보는 고주파 대역의 정보에 비해 형태 인식단계에서 무시되어 묻힌다. 실제로 일차 시각피질의 신경세포들은 기본적으로 모서리 또는 모서리가 변형된 형태의 시각 자극에만 반응한다. 또한 기능성 자기공명 영상 실험으로 시각 실험을 해도 대뇌의 일차 시각피질 영역은, 밝지만 흐릿한 영상에서보다는 어둡지만 날카로운 모서리 영상에 더 많이 활성화된다. 다시 말해, 일차 시각피질 영역의 활성화 정도는 얼마나 자극이 밝은가보다는 얼마나 모서리 성분이 많은 자극인가로 결정된다.

그림 30의 왼쪽 큰 그림에서 형태 정보를 파악할 수 있는 고주파 정보는 화난 얼굴이다. 반면, 오른쪽 큰 그림에서 형태 정보를 파악할 수 있는 고주파 정보는 정보는 미소 띤 듯한 표정이다. 그렇다면 왜 위 그림을 멀리서 보면 그 표정이 사라질까? 그것은 눈이 지니고 있는 **정밀도의 한계** 때문이다. 멀리서 보면 가까이 볼 때 파악되던 고주파 정보가 서로 뭉치면서 사라지게 된다. 이를 단순하게 정리하면, 가까이에서 보이던 오밀조밀하고 세밀한 것들이 멀리서 보면 잘 보이지 않는다는 뜻이다. 따라서 멀리서 얼굴 그림을 보면, 가까이에서 볼 때 얼굴 표정이나 형태를 판단하는 데 중요한 영향을 미치던 세부 정보가 약해지거나 사라진다.

그럼 멀리서 볼 때 새롭게 나타나는 표정은 무엇을 의미하는가? 가까이에서 보이던 것이 멀리서는 보이지 않는 첫 번째 경우는 그렇다 치더라도, 가까이에서 보이지 않던 것이 멀리서는 보이는 현상은 일상적인 직관에서 벗어난 면이 있다. 새롭게 보이는 얼굴 표정은 사실 원래부터 그 그림에 숨겨 있는 저주파 그림이다. 이 저주파 그림에도 얼굴 정보는 있지만 고주파 정보에 밀려 형태 인식에서 무시된다. 그러나 그림이 멀어지면 고주파 정보의 영향력이 상대적으로 떨어지면서 저주파 그림에 숨어 있던 정보가 모습을 드러낸다. 거리가 멀어짐에 따라 고주파 정보는 급속히 사라지지만, 해상도가 낮은 저주파 정보는 고주파 정보에 비해 거리에 대한 영향을 훨씬 덜 받는다.

왼쪽 큰 그림에 깔려 있는 저주파 정보는 오른쪽 작은 그림에서 보이는 얼굴과 완전히 똑같다. 멀리서 보는 것과 영상을 줄여서 보는 것

은 우리의 눈에는 동일한 효과로 나타나므로 왼쪽의 큰 그림을 멀리서
보면 오른쪽의 작은 그림과 같은 표정의 얼굴이 보인다. 정리하면, 그림
30의 큰 그림 왼쪽 얼굴은 고주파의 화난 얼굴과 저주파의 미소 짓는
듯한 얼굴의 합성이고, 큰 그림 오른쪽 얼굴은 고주파의 미소 짓는 듯한
얼굴과 저주파 화난 얼굴의 합성이다. 이러한 착시는 물체에 대한 자극
정보가 감각기관 단계에서 왜곡되어 일어나는 현상이다(1장 2. 참조).

그림 31 오른쪽은 이와 비슷한 맥락의 유명한 **링컨 착시** 그림이다.
마찬가지로 오른쪽 그림은 가까이에서 보면 형태를 잘 알 수 없지만, 멀
리서 보면 사람 얼굴이라는 것과 그 사람이 누구인지도 알게 된다.

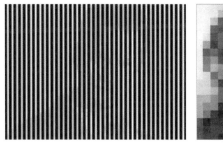 

그림 31 직선 얼굴 착시와 링컨 착시

두 그림을 가까이서 보았을 때 강조되는 고주파 정보는 직선과 사
각형으로, 모두 사람 얼굴과는 무관하다. 그러나 멀리서 보면 고주파 정
보가 약해지거나 사라지는 반면, 자연적으로 평탄하게 처리되면서 그
밑에 깔린 저주파 정보가 상대적으로 드러나게 된다. 혹시라도 이 그림
을 멀리 떨어져서 보는 것이 귀찮다면, 원본 착시 그림을 평탄하게 처리
한 다음 그림도 준비했으니 확인해보기를 바란다.

그림 32 평탄하게 처리한 직선 얼굴 착시와 링컨 착시

　'화난 박사와 미소 신사'의 그림 30의 착시가 그림 31의 착시와 다른 점이 있다면, 그림 31의 저주파 신호에는 얼굴 형태의 정보가 있지만 고주파 신호에는 특별한 형태 정보가 없는 반면, 그림 30의 착시 그림에는 저주파 신호와 함께 고주파 신호에도 얼굴 형태의 정보가 있다는 것이다. 그림 31의 착시보다 그림 30의 착시가 한 단계 더 발전한 셈이다.

　그림 33은 또 다른 그림 세트를 그림 30의 착시 원리와 같은 방식으로 대략 합성한 것이다. 두 그림에서 아인슈타인의 표정은 어떻게 보일까?

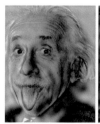

그림 33　아인슈타인 착시

아래의 두 그림은 그림 33의 사진을 합성하는 데 사용된 원본 사진이다.

아인슈타인 원본 사진

•• 세 문장 요약

❶ 뇌가 형태를 인식하는 데에는 주로 고주파수의 공간 정보가 이용된다.

❷ 고주파수의 공간 정보는 저주파수의 공간 정보에 비해 멀리서 보면 더 빨리 사라지거나 약해진다.

❸ 그림 30의 착시 그림은 위의 두 현상을 이용하여 조작한 그림이다.

참고 자료

• Harmon, L. D. "The recognition of faces." *Scientific American* Nov:229(5), 1973. pp.71~82.

• Hubel, David H. *Eye, Brain, and Vision*(Scientific American Library 22). W. H. Freeman&Company, 1995.

• Schyns, P. G., Oliva, A. "Dr. Angry and Mr. Smile: when categorization flexibly modifies the perception of faces in rapid visual presentations." *Cognition* 69, 1999. pp. 243~265.

3.
평면 그림에서 입체감을
느끼게 하는 착시

우리는 3차원 물체에서 **입체감**을 느낄 수가 있다. 어떻게 그럴 수 있을까? 우리 눈으로 들어오는 시각 정보는 2차원인데 어떻게 3차원 입체감을 별 어려움 없이 인지할 수 있을까? 입체감이 아닌 상대적인 거리라면 2차원 **평면 정보**로도 알아낼 수는 있다. 2차원 영상에는 거리를 지각할 수 있는 다양한 단서들이 있기 때문이다. 우리는 첫째, 점으로 수렴하는 **원근감**에서 거리를 느낄 수 있고, 둘째, 가려진 물체는 가리고 있는 물체보다 뒤에 있다는 것을 알 수 있으며, 셋째, 채도가 낮은 물체가 채도가 높은 물체보다 뒤에 있다는 것을 알고 있고, 넷째, 같은 물체에서 작게 보이는 물체가 크게 보이는 물체보다 뒤에 있다는 것도 알고 있다. 그밖에도 2차원 영상에는 알게 모르게 학습된 다양한 **거리 단서**들이 있다.

그러나 이러한 **단안 단서**(monocular cue)는 그저 거리감에 대한 단서일 뿐, 입체감을 느낄 수 없다. 거리감이 물체 사이가 공간적으로 떨어진 정도에 대한 느낌이라면, 입체감은 실제로 눈앞에 잡힐 듯한 물체의 3차원 공간적인 부피와 깊이에 대한 느낌이다.

3차원의 입체감을 느끼려면 반드시 **양안 단서**(binocular cue)가 있어야 한다. 즉, 한쪽 방향에서의 영상 정보로는 입체감 자체를 느낄 수 없다. 그렇다고 입체감을 느끼기 위해서는 반드시 두 눈이 있어야 한다는 뜻은 아니다. 다만, 특정 조건이 통제된 다른 평면 영상이 두 개 있어야 한다. 양안 단서는 왼쪽 눈에서의 상과 오른쪽 눈에서의 상 사이의 거리 차에서 얻는다. 즉, 두 눈의 간격은 몇 센티미터로 떨어져 있고, 이때문에 왼쪽 눈으로 들어오는 상과 오른쪽 눈으로 들어오는 상에는 미세하지만 공간적인 시차가 있다. 왼쪽 눈과 오른쪽 눈의 정보는 독립적으로 뇌에 전달되지만, 양쪽 눈에서 같은 시야를 담당하는 신경다발은 동일한 일차 시각피질 영역으로 전달되어 만난다(2장 4. 참조). 그리고 뇌는 양쪽 눈에서 들어온 두 시각 정보의 미세한 차이에서 감지된 규칙을 바탕으로 입체감을 지각할 수 있게 한다. 앞에서 말한 2차원 단일 정보에서의 거리감은 대상에 대한 지각이 있은 뒤에 그 지각된 정보에서 인지하는 반면, 일차 시각피질에서 시작되는 **3차원 입체 지각**은 대상을 지각하기 이전 단계에서부터 시작된다. 거리감 단서는 인지적인 판단 기준에 따른 것이므로 때로는 **에임즈 룸 착시**에서와 같은 터무니없는 공간적인 착오를 일으키는 반면, 입체감은 감각단계에서의 신호를 기준으로 발생하는 것이라 그와 같은 형태의 착오는 일으키지 않는다.

양안 단서를 이용한 입체 지각을 시각적으로 설명하기 위한 다음

그림 34는 물체의 위치에 따라 물체가 망막에 맺히는 양상을 단순 도식화한 것이다. 그림에서 왼쪽 눈과 오른쪽 눈의 눈동자 방향은 각각 **초점** 물체로 향하고 있으며, 초점 물체의 상은 두 눈의 망막에서 모두 중심와 부근에 맺혀 있다. 이 경우, 초점 물체는 왼쪽 눈 망막에 맺히는 영상 정보와 오른쪽 눈 망막에 맺히는 영상 정보 간의 차이인 **양안 부등**(binocular disparity)이 없는 양안 동등 상태가 되며, 눈에서 초점 물체까지의 거리는 시야 정보에서의 기준거리가 된다.

반면, 초점에 비해 원거리에 있는 물체인 B의 상은 두 눈의 망막에서 모두 중심와 안쪽인 **코 쪽 망막** 부근(b와 b′)에 맺힌다. 왼쪽 눈의 코 쪽 망막에 맺힌 상이 왼쪽 시야에 있는 물체로 인식되는 반면, 오른쪽 눈의 코 쪽 망막에 맺힌 상은 그 반대쪽인 오른쪽 시야에 있는 물체로 인식되기 때문에 이 경우 양안 부등이 발생할 수밖에 없다.

이와 반대로, 초점에 비해 근거리에 있는 물체인 A의 상은 두 눈의 망막에서 모두 중심와 바깥쪽인 **관자놀이 쪽 망막** 부근(a와 a′)에 맺힌다. 왼쪽 눈의 관자놀이 쪽 망막에 맺힌 상이 오른쪽 시야에 있는 물체로 인식되는 반면, 오른쪽 눈의 관자놀이 쪽 망막에 맺힌 상은 그 반대쪽인 왼쪽 시야에 있는 물체로 인식되기 때문에 이 경우에도 양안 부등이 발생한다.

정리하면, 두 눈에서 모두 관자놀이 쪽 망막에 맺히는 물체는 초점보다 가까이 있는 물체이며, 반대로 두 눈에서 모두 코 쪽 망막에 맺히는 물체는 초점보다 멀리 있는 물체이다. 실제로도 우리는 그렇게 인식한다.

또한 그림을 보면, 같은 원거리 물체이더라도 서로 중심와에서 먼 곳에 상이 맺힐수록(그러니까 더 코 쪽 망막에 상이 맺힐수록) 그 물체는 기준 위치에서 더 멀리 떨어져 있게 될 것임을 알 수 있다. 이와 반대로, 근거리 물체는 망막에 맺히는 상의 위치가 서로 중심와에서 멀어질수록(그러니까 더 관자놀이 쪽 망막에 상이 맺힐수록) 그 물체는 기준 위치에서 더 가까이 있게 될 것임을 알 수 있다. 이 또한 실제로 우리는 그렇게 인식한다.

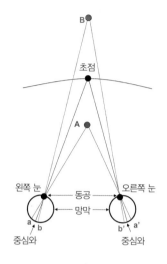

그림 34
근거리 물체와 원거리 물체의 망막 부등1

물체는 그림 34 이외의 다른 위치에도 충분히 있을 수 있다. 다음 그림 35는 물체의 상이 두 눈에서 똑같이 관자놀이 쪽 또는 코 쪽 망막에 맺혔던 앞의 경우와 달리, 물체의 상이 한쪽 눈에서는 관자놀이 쪽 망막에 맺히고 다른 쪽 눈에서는 코 쪽 망막에 맺히는 경우이다. 이 경우 두 눈에 맺히는 물체의 상이 같은 시야방향 쪽이므로 양안 부등이 아닌 경우가 발생한다. 그림에서의 세 물체 A, F, B는 왼쪽 눈에서는 모두 코 쪽 망막에 맺히지만(a, b, f) 오른쪽 눈에서는 모두 관자놀이 쪽 망막에 맺힌다(a′, b′, f′). 또한 그림 35에서 왼쪽 눈 망막에 맺힌 세 물체의 시야각이 모두 같은 반면, 오른쪽 눈 망막에 맺힌 세 물체의 시야각은 모두 다르게 하였다. 시야각은 물체의 상이 망막에 맺히는 지점과 중

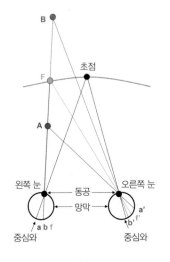

그림 35
근거리 물체와 원거리 물체의 망막 부등 2

심와 지점 사이의 각도를 말하며, 물체의 상대적인 거리는 이 시야각의 차이로 결정된다.

그림 35에서의 물체 F는 양안 부등이 일어나지 않는 **호롭터**(horopter)상에 있다. 호롭터는 초점을 포함하여 망막 상에서 양안 부등이 발생하지 않는 가상적인 시야 공간을 말한다. 호롭터는 눈의 위치를 기준으로 서로 대략 등거리상의 공간이어야 하므로 공 모양 형태이다. 양안 부등이 발생하지 않는 물체 F는 시야에서의 기준거리 물체가 된다. 또한 같은 이유로 물체 F에 의한 왼쪽 눈 시야각은 물체 F에 의한 오른쪽 눈 시야각과 같다. 즉, 호롭터상에 있는 물체 F에 따른 두 눈에서의 **망막점**은 서로 대응하는 망막점이 된다.

반면, 그림에서의 물체 B는 호롭터 공간 밖 원거리상에 있다. 그리고 물체 B의 왼쪽 눈 시야각(b)은 물체 B의 오른쪽 시야각(b′)보다 크다(이는 물체가 그림에서처럼 왼쪽에 있을 때의 상황이며, 물체가 오른쪽에 있으면 그 반대가 된다). 이처럼 **대응 망막점**의 시야각(b)과 실제 상이 맺힌 망막점의 시야각(b′) 사이의 차이 각|b-b′|을 **망막 부등각**이라고 한다. 호롭터 공간상에 있는 물체에는 망막 부등각이 발생하지 않는다. 정리하면, 원거리상의 물체(B)는 물체 방향 쪽 눈(왼쪽 눈)에서의 물체에 대한

시야각(b)이 물체와 반대 방향 쪽 눈(오른쪽)에서의 물체에 대한 시야각 (b′)보다 크다.

이와 반대로, 그림에서의 물체 A는 호롭터 공간 속 근거리상에 있다. 그리고 그림을 통해, 근거리상의 물체(A)에 의한 물체 방향 쪽 눈(왼쪽 눈)에서의 시야각(a)이 물체 반대 방향 쪽 눈(오른쪽 눈)에서의 시야각 (a′)보다 작음을 알 수 있다. 최종적으로 다시 정리하면, 물체와 반대방향 쪽 눈에서의 물체에 대한 시야각이 대응 망막점보다 크면 그 물체는 초점보다 근거리에 있으며, 반대로 물체와 반대 방향 쪽 눈에서의 물체에 대한 시야각이 대응 망막점보다 작으면 그 물체는 초점보다 원거리에 있다. 또한 같은 조건에서 망막 부등각이 크면 클수록 물체는 기준 위치보다 더 멀리 있거나 더 가까이 있다.

이처럼 우리 눈은 두 눈의 상에 망막에 맺히는 각도 차이나 방향을 바탕으로, 보이는 사물의 멀고 가까움의 정도를 느낄 수 있다. 또한 사물이 그림 35에서처럼 점이 아닌 면이나 입체인 경우, 단일 사물에서 '연속적이고 규칙적'으로 일치되어 누적되는 공간적인 깊이감에서 우리는 단일 물체에 대한 입체감을 느끼게 된다.

어떤 물체에서 입체감을 느끼려면, 그 전에 그 물체가 하나로 보여야 한다. 하나의 물체가 양쪽 눈의 망막에 어떤 식으로 맺히느냐에 따라 뇌는 그 대상을 하나의 물체로 볼 수도 있고, 두 개의 물체로 볼 수도 있다. 그림 35에서처럼 하나의 물체에서 시야각이 같은 방향으로 형성되면, 예를 들어 점 F에 의한 시야각 f와 f′가 둘 다 중심와 기준으로 오른쪽 방향으로 있으면 물체는 하나로 보일 수 있다. 그러나 그림 34에서처럼 하나의 물체에서 시야각이 다른 방향으로 형성되면, 예를 들어 점 B에 의한 시야각 b와 b′가 중심와 기준으로 서로 다른 방향에 있으면 상황은 달라진다.

이 경우, 같은 물체가 한쪽 눈에서는 왼쪽 시야에 맺히고, 다른 쪽 눈에서는 오른쪽 시야에 맺히게 된다. 이렇게 서로 반대쪽 시야에 맺힌 상의 정보가 시신경을 따라 반대쪽 일차 시각피질로 전달되어 동일한 일차 시각피질의 지점에서 만날 수 없다. 두 상이 시각피질의 한 지점에서 만나서 망막 부등각인 |x-x′|을 구해야 시각피질이 상을 하나의 물체로 인식하고 거리까지 알 수가 있다.

그러나 이 경우에는 망막 부등각이 성립되지 않아 우리의 뇌는 B 지점에 있는 물체를 하나의 물체가 아닌 두 개의 물체로 본다. 나아가 입체감도 느낄 수 없기 때문에 하나의 입체 물체를 두 개의 물체로 볼 뿐만 아니라 평면 물체로 본다. 이를 실제로 해보기로 하자. 집게손가락을 눈앞에 두고 눈의 초점을 집게손가락에 맞춘 다음, 다른 손의 집게손가락을 기준 손가락의 앞이나 뒤에 두어보라. 다른 손의 집게손가락이 두 개로 보일 것이다. 그리고 그 다른 손의 집게손가락에서는 입체감이 느껴지지 않는다.

매직아이(magic eye), 또는 **오토스테레오그램**(autostereogram)은 이 점을 역이용한 아주 기발한 트릭이다. 뇌는 실제로 물체가 멀리 또는 가까이 있는 것을 바탕으로 물체의 깊이를 알아내는 것이 아니라, 두 눈에서 형성한 망막 부등각의 크기 정도를 바탕으로 물체의 깊이 정도를 느낀다. 즉, 왼쪽 눈과 오른쪽 눈의 비슷한 시야 위치에서 비슷한 형태의 자극이 왔을 때, 그리고 그로 인한 망막 부등각에서 **시간적·공간적인 연속성 규칙**이 느껴졌을 때 뇌는 이 부등각의 크기에 따른 물체의 깊이 정도를 느낀다. 이에 따라 영상을 특정 조건으로 조작한다면 물리적으로 같은 거리에 있는 2차원 평면 영상에서도 우리는 입체감을 느낄 수 있다.

그림 36은 매직아이의 기본 원리를 설명하는 그림이다. 그림에서 만약 두 눈의 시선방향을 초점 위치에 둔다면 우리의 망막은 검은 점선 위에 두 개의 빨간 점 b, b′를 보는 것과, 그보다 더 멀리 있는 하나의 점 B를 보는 것을 구별할 수가 없다. 마찬가지로 우리의 눈은 두 개의 파란 점 a, a′ 역시 하나의 A를 보는 것과 같은 것으로 감각한다. 그러니까 그림을 적절히 조작

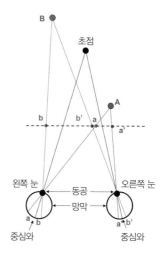

그림 36 매직아이 원리

한다면 하나의 2차원 평면(검은 점선 면)에서 깊이가 서로 다른 두 개의 점 A와 B를 느낄 수도 있다.

이는 곧, 2차원 평면에서 3차원 입체감을 느끼는 것이다. 매직아이는 물체의 상이 망막에 이런 식으로 맺히게끔 특수하게 조작한 그림이다. 다시 그림 36으로 돌아가면, 실제로 저 4개의 점만으로는 입체감을 느끼기가 어렵다. 평면상에서 두 쌍의 깊이 단서가 일치하는 점의 경우는 우연으로라도 충분히 일어날 수 있어 주의를 끌지 못하기 때

문이다. 입체감을 느끼려면 망막 부등각에 따른 깊이 단서의 규칙이 우연의 일치 수준을 넘어설 만큼 충분한 공간적인 연속성 규칙이 있어야 한다.

　매직아이를 만드는 방법을 대략 설명하면 다음과 같다. 매직아이는 난수 그림과 자극 그림의 조합으로 만들며, 시차 폭에 따라 크기가 결정되는 난수 그림 원형판에서 시작한다. 난수 그림은 말 그대로 무작위 값으로 채워진 그림이며, 여기에는 그 어떤 규칙이 있어서는 안 된다. 본격적인 매직아이는 시작점인 난수 원형판의 옆을 채워 나가면서 진행된다. 난수 원형판 옆으로 채워지는 값도 역시 기본적으로는 난수 원형판 값에서 뽑은 값이다. 중요한 것은 난수 원형판의 어느 위치에 있는 값을 채워 넣는가로, 이를 결정하는 것은 보고자 하는 자극 그림이다. 매직아이는 자극 그림에서 책정한 깊이 값에 해당하는 만큼, 기준 위치에서 오른쪽으로 이동하여 난수 그림 값을 채우면서 진행된다.(이 설명만으로는 이게 도대체 무슨 말인지 알기 힘들 것이다. 매직아이의 원리 자체는 앞서 말한 것처럼 그렇게 복잡하지 않지만, 그 방법을 글로 표현하는 것은 어려운 듯하고 글로 이해하는 것은 더욱 어려울 듯하다.)

　이런 식으로 해서 자극 그림의 위치 값을 모두 매직아이에 채워 넣으면 드디어 매직아이를 볼 수 있다. 매직아이의 규칙이 없는 수많은 밝기의 네모들 사이에서, 우연히 왼쪽과 오른쪽 망막을 통해 순서가 같은 무작위의 밝기 자극이 무리 지어서 연속적이고 규칙적인 망막 부등각을 이룬다면 우리는 깊이를 가진 하나의 물체로 인식하게 된다. 입체감을 느끼고 싶다면 눈의 초점을 적절히 조절하면서 이런 무작위 점들에서 일련의 규칙을 찾아내면 된다. 그림 36에서도 알 수 있듯이, 초점을 영상이 있는 곳에 두지 않고 실제 영상보다 더 먼 곳을 두었을 때만 가능하다.

그림 37은 매직아이를 구현한 영상이다. 맨 아래의 두 흰 점이 세 개로 보일 때까지 눈을 풀면 어느 순간 뭔가가 나타날 것이다.

제대로 했다면 '호루스의 눈' 문양을 포갠 그림이 보여야 하는데 매직아이 작성 코드에서의 그림 다듬기 절차가 완전하지 않아 실제로 보이는 그림은 이와 정확히 일치하지 않는다.

그림 37　매직아이

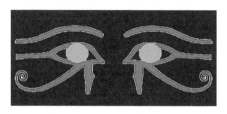

매직아이에 숨어 있는 그림 '호루스의 눈'

❶ 상대적인 거리를 지각할 수 있게 하는 다양한 거리 단서를 통해 우리는 평면 그림에서도 거리감을 느낄 수 있다.

❷ 거리감이 아닌 3차원 물체에 대한 입체감은 양안 단서를 통해서만 지각된다.

❸ 매직아이는 입체감을 느끼게 하는 양안 단서의 원리를 역이용하여, 2차원 평면 영상에서 3차원 입체감을 유도한 그림이다.

4.
너무 빠르게 도는 물체가
멈춘 것처럼 보이는 현상

서블리미널 효과(subliminal effect)란 것이 있다. **식역하**(識閾下) **효과**로 번역하기도 하는데, 스스로 인식하지 못하는 기억 정보가 자신의 의사 결정에 영향을 미치는 효과를 말한다. 서블리미널 효과를 보여주는 여러 사례들 가운데 가장 대표적인 예는 팝콘과 관련된 이야기일 것이다. 좀 더 구체적으로 말하면, 영화가 한창 상영되는 중간중간에 팝콘과 관련된 사진이나 문구 영상을 몰래 한 컷씩 삽입하면, 관객들은 그 삽입된 팝콘 영상을 인식하지는 못하지만 이상하게도 팝콘 매출이 올라가는 현상이다. 이 현상을 서블리미널 효과 방식으로 해석하면, 관객들 스스로는 자신이 팝콘을 못 봤다고 생각하지만, 실제로는 팝콘을 본 관객들의 뇌는 팝콘을 의식하고 있으며, 그렇게 잠재된 의식이 의식적인 팝콘 구매로 점화된 것이다. 이는 대단히 직관적이면서도 흥미로운 현상이다.

시각 감춤 현상(visual masking effect)이란 것도 있다. 몇 밀리세컨드 (milli second, 1ms=0.001초)로 아주 짧은 시간에 특정 영상을 보여준 바로 직후(또는 아주 짧은 시간 뒤에) 1초 정도의 또 다른 영상을 보여주면 사람은 무엇을 볼까? 이 경우 대상자는 앞에 짧게 보여준 영상 정보는 보지 못했다거나 또는 잘 모르겠다고 말하는데, 이런 현상을 시각 감춤 현상이라 한다. 팝콘 현상과 마찬가지로, 사실은 특정 영상을 분명히 봤지만 실제로는 못 봤다고 말하는, 제법 흥미로운 현상이다. 누군가는 이것을 **주의력**이나 또는 **무의식**과 연관하여 해석하려고 할지도 모르겠다.

마차바퀴 현상(wagon wheel effect)도 흥미로운 현상이다. 마차바퀴 현상은 돌고 있는 마차바퀴를 촬영한 동영상을 보면 간혹 그 바퀴가 가만히 있는 것처럼, 또는 거꾸로 돌아가는 것처럼 보이는 신기한 현상이다. 마차바퀴 현상은 카메라가 동영상을 어떻게 촬영하는지를 설명하면 비교적 쉽게 이해된다. 카메라는 동영상을 불연속적으로 촬영한다. 즉, 잠깐 촬영(사진을 1장 만듦) → 잠깐 멈춤 → 잠깐 촬영(또 다른 사진 1장 만듦) → 잠깐 멈춤…… 이런 식이다.

이를 좀 더 복잡하게 이야기하면, 카메라는 촬영 기간_단위시간 동안에 수집된 빛 정보를 바탕으로 촬영 간격_단위시간마다 한 장씩의 영상을 만들어가면서 동영상을 채워 나간다. 촬영 시작 시점부터 빛 정보를 수집하여 이후 촬영 기간_단위시간이 지나면 그동안 수집한 빛 정보를 바탕으로 한 장의 영상 정보를 만든다. 그리고 촬영 시작 시점을 기준으로 해서 촬영 간격_단위시간이 지나면 또다시 새로운 판에 빛 정보를 수집하여 또 다른 한 장의 영상 정보를 만든다. 카메라는 동영상을 촬영하는 기간 동안의 영상 정보를 이런 식으로 채워나간다.

카메라가 이렇게 동영상을 촬영하는 데 기준이 되는 단위시간이 두 가지 있는데, 그중 하나는 노출 시간이다. 앞서 설명한 '잠깐 촬영'하는 시간, 또는 '촬영 기간_단위시간'이 카메라에서의 **노출 시간**이며, **셔터 시간**이라고도 한다. 동영상 촬영에서의 또 다른 단위시간은 **샘플링 시간**이다. 샘플링 시간은 잠깐 촬영과 다음에 이어지는 또 다른 잠깐 촬영할 때까지의 시간 간격이다. 앞에서 설명한 '잠깐 촬영 시간+잠깐 멈춤 시간', 또는 '촬영 간격_단위시간'이다. 카메라에서의 샘플링 시간은 보통 1초에 몇 번 샘플링 하는지를 표현하는 **FPS**(frame per second, **초당 프레임 수**)를 단위로 한다. 카메라로 동영상을 찍을 때 노출 시간과 FPS는 촬영 환경과 촬영 목적에 맞게 조절할 수 있는데, 일반적으로 TV나 영화 동영상에서는 보통 FPS가 30~60, 또는 샘플링 시간이 1/30~1/60ms이고, 노출 시간은 샘플링 시간의 반 정도이다. FPS가 30~60 정도이면 사람은 동영상에서 거의 불연속성을 느끼지 못한다. 일반적인 모니터의 **주사율**(또는 **화면 재생빈도**)은 60Hz(1초 동안 화면을 60단계로 쪼개서 보여줌) 정도로, 우리는 이 모니터에서 보이는 장면에서 어떤 불연속성도 느끼지 못한다.[1]

카메라에서의 노출 시간이 길수록 외부로부터 빛 정보를 많이 수집할 수 있으며, 그만큼 사진은 밝아지고 **신호 대 잡음비**는 좋아진다. 다만, 움직이는 물체의 경우 노출 시간이 길어지면 촬영된 영상에서는 흐릿하게 퍼져 보인다. 충분히 밝은 환경에서라면 노출 시간을 짧게 할수록 움직이는 물체가 **흐려짐**(blurring) 없이 선명하게 나온다. 그러나 샘플링 시간에 비해 노출 시간이 너무 짧으면 샘플링 시간을 충분히 짧게 했음에도 촬영된 동영상에서 나타나는 움직이는 물체가 불연속적으로 느껴지는 단점이 있다.[2]

다시 마차바퀴 현상으로 돌아가보자. 마차바퀴에는 바퀴살이 있다. 바퀴살이 8개인 마차바퀴가 1초에 세 바퀴씩 돌아간다고 하자. 이 경우, 특정 바퀴살은 1초에 3번 같은 위치에 있게 된다. 또한 특정 바퀴살은 1초에 24번, 8개의 바퀴살들 중에 한군데에 위치하게 된다. 만약 바퀴살이 똑같이 생겼다면, 그리고 이 마차바퀴를 24FPS로 촬영한다면, 카메라는 매번 기본적으로 똑같은 장면만을 계속해서 찍는 셈이 된다. 특히 노출 시간이 카메라의 샘플링 시간보다 충분히 짧다면 촬영된 마차바퀴 동영상에서는 정지 화면처럼 보이는 선명한 바퀴살을 보게 될 것이다. 이것이 마차바퀴 현상이다.

마차바퀴 현상과 조건은 조금 다르지만 완전히 똑같은 원리로 발생하는 **스트로보 효과**(stroboscopic effect)도 있다. 스트로보 효과는 스트로브(섬광전구)처럼 연속으로 깜빡이는 조명 아래에서 특정 속도로 돌고 있는 마차바퀴가 멈춰 보이는 현상을 말한다. 이 현상이 왜 일어나는지를 설명하기 위해 스트로브 조명 아래에서 마차바퀴가 돌아간다고 가정해보자. 스트로보 조명 상태에서 우리는 조명이 켜진 순간의 장면만을 볼 수 있고, 조명이 꺼진 순간의 장면은 잘 볼 수가 없다. 만약 돌고 있는 마차바퀴의 살이 스트로브가 켜질 때마다 항상 같은 곳에 위치한다면 우리는 기본적으로 항상 같은 상태의 마차바퀴만을 보게 된다. 그리하여 우리는 이 장면을 마치 마차바퀴가 멈춘 것처럼 인식한다.

스트로브 조명은 의외로 일상에서 흔히 접할 수 있다. 바로 형광등이 일종의 스트로브인데, 사실 형광등은 1초에 수십, 수만 번 깜빡이며 주위를 밝히고 있다. 그 깜빡임이 너무나 빨라서 우리의 눈이 인식하지 못하고 있을 뿐이다. 백열등이 거의 사라진 지금은 오히려 깜빡이지 않는 조명을 찾는 것이 더 어려운 듯하다.

정리하면, 마차바퀴 현상이 마차바퀴의 회전속도와 촬영 장치의 FPS 값 사이의 조건에 따라 발생하는 반면, 스트로보 효과는 마차바퀴의 회전속도와 조명 장치의 깜빡임 주기값 사이의 조건에 따라 발생한다. 마차바퀴 현상이 자연광이든 조명광이든 상관없이 촬영된 영상으로만 관찰된다면, 스트로보 효과는 촬영 영상이든 직접 관찰이든 상관없이 조명광 조건에서만 관찰되는 현상이다.

짧은 시간의 움직임 자극에 의한 시각 현상들 가운데 마지막으로 **연속광 마차바퀴 현상**(continuous light wagon wheel effect)을 소개한다. 앞에서 소개한 촬영 장치나 조명 장치의 주기 조건에 따라 일어나는 마차바퀴 현상과 스트로보 효과는 한편으로는 너무나 분명한 현상이다. 그런데 놀랍게도 이 마차바퀴 현상은 자연-연속광 아래에서 회전하는 마차바퀴를 맨눈으로 관찰해도 일어난다.

이러한 연속광 마차바퀴 현상은 마차바퀴 현상에서의 조건과 스트로보 효과에서의 조건이 합쳐진 상태에서 일어날 수 있다. 연속광 마차바퀴 현상에서 관찰되는 현상은 마차바퀴 현상이나 스트로보 효과에서 관찰되는 현상과 기본적으로 같지만, 그 발생 원리(mechanism)는 전혀 다르다. 마차바퀴 현상이나 스트로보 효과는 광학 기계적인 관점에서 해석해야 하는 주제라면, 연속광 마차바퀴 현상은 시각 인지적인 관점에서 해석해야 하는 주제이다.

연속광 마차바퀴 현상을 제대로 이해하려면 연속광 마차바퀴 현상을 직접 관찰해야 하는데, 앞서 말했듯이 연속광 마차바퀴 현상은 모니터 화면으로는 경험할 수 없다. 이 현상을 경험하려면 태양광 아래에서 돌아가는 마차바퀴를 직접 눈으로 보아야만 한다. 단언컨대, 이 글을 읽고 곧바로 선풍기를 꺼내거나 팽이를 사려고 알아보거나 자동차 바퀴를 보려고 밖으로 뛰쳐나가는 독자는 없을 것이다. 따라서 자연광 아래에서 아주 빠르게 돌아가는 팽이를 가정하여 연속광 마차바퀴 현상을 글로 설명하면 다음과 같다.

그림 38에서 1단계는 팽이가 정지된 상태이다. 팽이는 전체적으로 흰색이며 선명한 줄(이후 이 줄을 '팽이 선'으로 표기한다) 하나가 안쪽에서 바깥쪽으로 나 있다. 여기에서는 편의상 팽이 선을 가느다란 선 하나로 예를 들었지만 팽이 선의 수가 2개여도 좋고 3개여도 좋고 많아도 좋다. 또 두꺼워도 좋다. 다만 팽이 선들의 간격이 모두 일정해야 한다. RPM(revolutions per minute, **분당 회전수**)은 회전체가 1분당 회전하

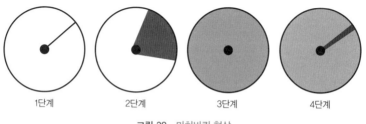

1단계   2단계   3단계   4단계

그림 38   마차바퀴 현상

는 횟수를 가리키며, 팽이처럼 회전하는 물체의 회전율을 표현하는 일반적인 단위이다. 회전하지 않고 정지된 1단계 팽이에서의 RPM은 0이다.

그럼 이제 팽이를 천천히 돌려서 2단계로 넘어가보자. 2단계는 1단계에서 보이던 선명한 팽이 선이 살짝 흐릿해지는 단계이다. 팽이 선은 그 경계가 살짝 흐릿해지면서 하나의 직선이 아닌 특정 각이 있는 원뿔형의 형태로 보인다. 그래도 2단계에서는 선이 지금 팽이의 어디쯤의 위치에서 돌고 있는지 알 수 있고, 돌고 있는 팽이의 회전속도도 직관할 수 있는 단계이다. 이제는 팽이를 좀 더 빨리 돌려서 3단계를 경험할 차례이다. 2단계에서 보이던 팽이 선에 의한 원뿔 궤적이 팽이의 속도가 빨라짐에 따라 점점 넓어져 3단계에서는 팽이 전체를 덮었다. 처음에 보이던 선명한 팽이 선의 윤곽은 완전히 사라졌고, 이제 팽이 선의 위치를 특정할 수가 없다. 반면, 정지되었을 때 흰색이었던 팽이의 바탕색이 3단계에서는 전체적으로 살짝 어둡게 보인다.

2단계와 3단계는 기본적으로 같은 현상이며, 이는 움직이는 물체가 흐릿하게 보이는 **동작 흐려짐 현상**이다. 동작 흐려짐 현상을 안구 도약운동 속도의 한계에 의한 것으로 설명하기도 한다. 그러니까 물체의 움직임이 너무 빠르면, 약 200밀리세컨드 정도인 **안구 도약운동**의 속도가 움직이는 물체의 속도를 따라가지 못한다. 그리하여 물체의 상이 중심와가 아닌 주변시에 맺히면서 물체가 흐리게 보이는 형태의 설명이다.

그러나 적어도 팽이에서 일어나는 동작 흐려짐은 안구 도약운동과는 관련이 없어 보인다. 팽이 전체가 중심와에 맺힐 만큼 팽이가 매우 작아 안구 도약운동이 필요 없는 상태에서도 돌고 있는 팽이에 동작 흐려짐 현상이 일어나기 때문이다. 돌아가는 팽이에서 나타나는 동작 흐려짐 현상은 **시각 자극 평균화**로 설명해야 할 것이다. 그러니까 우리의 뇌가 실시간으로 지각하는 시각 정보는 특정 기간 동안(지각 기간_단위시간)에 우리의 눈이 감각한 모든 시각 정보의 평균화된 정보로 이해해야 한다. 사실 1초에도 수없이 깜빡이는 형광등을 우리가 교류등이 아닌 직류등으로 인식하는 것도 이와 관련지어 설명할 수 있다. 그 특정 기간(지각 기간_단위시간)이 어느 정도의 시간인지는 3단계에서의 RPM 값으로 계산할 수 있다. 예를 들어, 회전속도가 빨라지면서 점점 넓어지던 팽이 선이 팽이 전체를 덮기 시작한 3단계의 RPM 값을 Z라고 한다면, 지각 기간_단위시간은 60/Z 초가 된다.

우리 눈에서의 이러한 동작 흐려짐 현상에 따라 우리는 빠르게 움직이는 물체의 형태를 선명하게 관찰할 수가 없다. 그래도 이렇게 함으로써 물체의 운동 상태를 인식하기는 쉬워질 것이다. 움직이는 물체에서 보이는 흐릿함 정도나 흐릿해지는 방향 등을 통해서 우리는 물체가 어느 방향으로 얼마나 빨리 움직이는지를 한번에 판단할 수 있다. 이렇게 3단계까지는 마차바퀴 현상이나 연속광 마차바퀴 현상은 같다.

이제 3단계 상태에서 또다시 팽이의 속도를 조금씩 더 빨리 높이다 보면 어느 순간 4단계에 진입하면서 연속광 마차바퀴 현상이 시작된다. 팽이는 더욱 빨라져서 힘차게 돌아가는데 문득 팽이에서 선들이 보이기 시작한다. 이때, 발생 원리가 달라서인지 연속광 마차바퀴 현상에서 관찰되는 마차바퀴의 양상은 일반적인 마차바퀴 현상에서 관찰되는 마차바퀴의 양상과는 여러모로 다르다.

참고 자료에 따르면 연속광 마차바퀴 현상에서는 마차바퀴 현상에서와는 달리, (1) 정지된 바퀴살을 관찰할 수가 없으며 바퀴살이 조금씩 움직인다. 또한 적정한 속도로 돌아가고 있는 회전체가 있더라도 (2) 연속광 환경에서는 바퀴살이 즉각적으로 관찰되지 않는다. 바퀴살이 보이기까지에는 몇 초, 또는 몇 분의 시간이 필요하다. 마차바퀴 현상에서는 바퀴살이 실제 바퀴살의 정수배로만 관찰되는 반면, (3) 연속광 마차바퀴 현상에서는 바퀴살 개수가 다양하게 관찰될 수 있다. 그리고 마차마퀴 현상에서는 대략 직선으로 관찰되는 바퀴살이 (4) 연속광 조건에서는 휘거나 왜곡되는 경향이 있다(편의상 그림 38은 단순하게 표현했다). 마지막으로 마차바퀴 현상에서는 바퀴살이 보이는 특정 주파수 범위가 없어 바퀴살이 고정된 형태로도 관찰될 수 있지만, (5) 연속광 마차바퀴 현상에서는 바퀴살이 2~20Hz 범위 내에서 깜빡임 형태로만 관찰된다.

이처럼 연속광 마차바퀴 현상은 마차바퀴 현상에 비해 상당히 불분명하고 왜곡되며, 관찰하기도 어렵다. 형광등 아래에서 분명히 잘 관찰되는 마차바퀴 현상이 자연광 아래에서는 잘 관찰되지 않는다. 또한 맨눈으로 잘 관찰이 되지 않던 마차바퀴 현상이 같은 장면을 촬영한 동영상에서는 잘 관찰될 수 있다. 필자도 땡볕에서 팽이를 열심히 돌려보면서 연속광 마차바퀴 현상을 직접 관찰하려고 여러 번 시도했으나, 아쉽게도 보이는 것이 너무나 불분명하여 관찰에 성공했는지 실패했는지조차 가늠되지 않았다.

어찌 되었든 연속광 자극에서도 마차바퀴 현상이 일어난다. 대체 어떻게 된 일일까? 4단계의 현상에서 확실한 것은, 천천히 움직이는 것처럼 보이는 팽이 선이 실제로 팽이가 그 속도로 돌아가기 때문은 아니라는 것이다. 우리 눈에 빠른 속도로 회전하는 팽이에서 팽이 선이 보이는 것을 두 가지로 해석해볼 수 있다. 하나는 실시간으로 시각 정보를 받아들이는 우리의 눈도 카메라처럼 빛 정보를 불연속적으로 처리하고 있다는 것이다(**불연속성**). 팽이의 회전 주기가 눈이 빛 정보를 수집하는 주기(감각 간격_단위시간)와 일치해서 계속 돌면 눈이 빛 정보를 수집하는 매 순간에 팽이는 항상 동일한 위치에 있으며, 그로 인해 우리 눈은 정지된 듯한 팽이를 보게 되는 것이다.

연속광 마차바퀴 현상의 또 하나의 해석은 동작 흐려짐에 의한 팽이 선 궤적의 중첩이다(**중첩성**). 즉, 팽이의 속도가 빨라짐에 따라 팽이 선에서의 동작 흐려짐 궤적이 팽이의 원주를 한 바퀴 돌아서 제자리로 돌아와 원래 위치의 궤적과 중첩되면서 팽이 선이 나타난다는 식이다. 팽이 선의 궤적이 중첩되면 중첩된 부분은 중첩되지 않은 부분들보다 조금 더 어두워야 할 것이고, 따라서 돌고 있던 팽이에서 문득 희미하게나마 팽이 선 같은 것이 보일 수 있다.

그러나 아쉽게도 연속광 마차바퀴 현상에서 보이는 회전체의 양상이 마차바퀴 현상에서 보이는 회전체의 양상과는 같지 않으므로 위의 두 가지 해석만으로는 연속광 마차바퀴 현상을 충분히 설명하지 못한다. 예를 들어, 연속광 마차바퀴 현상을 불연속성 방식으로 해석하면 연속광 마차바퀴 현상에서 보이는 팽이 선이 애매하고 왜곡되고 희미하다는 점이 설명되지 않는다. 반면, 연속광 마차바퀴 현상을 두 번째의 중첩성 방식으로 해석하면 연속광 마차바퀴 현상에 따라 보이는 팽이 선의 면적이 회전속도에 맞춰서 바뀌어야 하는데 그런 것 같지는 않다.

다만, 만약 연속광 마차바퀴 현상에 위에서의 불연속성이 조금이라도 영향을 미친다면, 이는 카메라에서와 마찬가지로 인간의 눈도 감각 기간_단위시간(멈춤 시간dwell time)이 감각 간격_단위시간(샘플링 시간sampling time)보다 짧다는 것을 뜻한다. 그리고 이는 신경세포에서 나타나는 **불응기 현상**과 관련 있을 것이다. 우리 몸에 있는 모든 신경세포에는 한번 발화하면 절대로 반응하지 않는 일정 시간이 있다. 이렇게 신경세포가 눈과 귀를 완전히 막고 침묵하는 시간을 '**절대 불응기**'라고 하며, 이 시간은 대략 2밀리세컨드이다. 또한 신경세포에는 발화한 직후 상대적으로 덜 반응하는 '**상대 불응기**'도 있는데, 그림 39에서 보듯이 그 시간은 대략 2밀리세컨드이다.

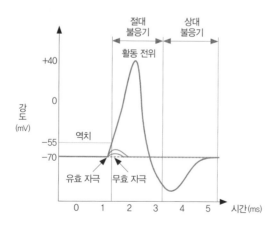

그림 39 신경세포의 절대 불응기와 상대 불응기

이러한 신경세포의 불응기 현상에 따라, 눈을 포함한 우리의 모든 감각기관 신경세포는 500Hz가 넘는 자극 정보에 직접 반응하여 발화할 수 없다. 우리의 귀는 20KHz의 소리 정보를 수용할 수 있는데, 이는 청각 신경세포가 달팽이관을 통해서 간접적으로 반응하는 경우이다. 또한 같은 말이지만, 한번 발화하면 최소 2밀리세컨드 동안 신경세포는 외부 자극에 아무런 반응도 할 수 없는 먹통이 된다. 이 때문에 시각이든 청각이든 모든 감각 정보에서의 멈춤 시간이 샘플링 시간보다 더 짧다.

다시 처음으로 되짚어보면, 팝콘과 관련한 서브리미널 효과는 거의 불가능할 듯하다. 팝콘 문구를 짧게 넣으면 지각 기간_단위시간 동안의 평균화 효과에 따라 문구나 그림은 앞뒤의 영화 화면에 뒤섞여 뇌로 전달 자체가 제대로 되지 않을 것이기 때문이다. 시각 감춤 현상도 마찬가지이다. 짧은 시간에 자극했다는 것은 평균화 효과에 의해 그저 자극 자체가 주변 자극에 의해 약하게 묻히게끔 자극했다는 것이고, 시각 감춤 현상은 물체가 그 노출 시간 정도에 맞게 비례하여 불명확하게 인지되었다는 것 그 이상의 의미는 없어 보인다.

●●   세 문장 요약

❶ 촬영한 동영상에는 아주 빠른 속도로 회전하는 물체가 마치 정지된 것처럼 보이는 마차바퀴 현상은 회전체의 회전 주기가 불연속적으로 촬영하는 카메라의 촬영 주기와 일치하면서 일어나는 현상이다.

❷ 회전체를 자연광에서 볼 때 관찰되는 마차바퀴 현상인 연속광 마차바퀴 현상은 마차바퀴 현상과는 발생 원리나 양상이 많이 다르다.

❸ 연속광 마차바퀴 현상을 통해 우리의 눈이 순차적 시각 정보를 어떤 식으로 처리하는지를 유추해볼 수 있다.

참고 자료

• 탐 스테포드·매트 웹 지음, 최호영 옮김. 『마인드 해킹』. 황금부엉이, 2006.
• Andrewsl, Tim & Purves, Dale. "The wagon-wheel illusion in continuous light." *Trends In Cognitive Sciences*. 2005.

덧붙임

1 시력에는 얼마나 작은 물체까지 볼 수 있는지와 관련한 **정지 시력**이 있고, 얼마나 빠르게 움직이는 물체까지 볼 수 있는지와 관련한 **움직임 시력**이 있다. 정지 시력에 한계가 있듯이 인간의 움직임 시력에도 한계가 있다. 이 움직임 시력의 한계로 인해 활동 영상이 발명되기 전까지 인간은, 말이 달릴 때 말의 네 발이 모두 떠 있는 순간이 있는지 없는지를 확인할 수가 없었다고 한다. 이번 글에서 언급한 서브리미널 효과, 시각 감춤 현상, 연속광 마차바퀴 현상은 모두 우리 눈의 움직임 시력 한계에서 비롯된 것이다. 인간은 대략 50Hz 이상의 깜빡임 빛을 구별하지 못한다. 반면, 벌이나 파리처럼 낮에 활동하며 빠르게 날아다니는 곤충의 눈은 300Hz 정도의 깜빡임 빛을 구별할 정도로 움직임이 빠르다. 비슷한 이유로 조류의 눈도 인간보다 3배 이상 움직임이 빠르다.

2 기회가 되면 영화 「라이언 일병 구하기」를 보라. 이 영화의 초반 전투 장면에서 노출 시간이 짧은 동영상이 실제로 어떻게 보이는지 살펴볼 수 있다. 촬영감독이 생동감을 주기 위해 일부러 노출 시간을 짧게 해서 이 장면을 찍었기 때문이다. 전투 장면 하나하나를 꼼꼼히 살펴보면, 짧은 노출 시간으로 날아다니거나 떨어지는 모래나 파편들이 비교적 선명하게 보인다는 것을 알 수 있을 것이다. 또한 줄어든 '노출 시간/샘플링 시간' 값에 따라 조금은 부자연스럽게 느껴지는 군인들의 움직임을 볼 수도 있다. 덤으로, 할 말을 잃게 하는 끔찍한 전쟁의 참상도 간접 체험해볼 수 있다.

* 얼마 전까지 유행했던 **피젯 스피너**(fidget spinner, 한 손에 쥐고 반복적으로 회전 동작을 할 수 있는 장난감)에서도 이 글의 주제와 관련 있어 보이는 흥미로운 현상을 경험할 수 있다. 일단 스피너를 돌린다. 그리고 스피너가 너무 빠르거나 느리지 않게 적당한 속도로 돌 때쯤 각도(pitch, roll, yaw)를 유지한 채로 스피너를 앞뒤 좌우 위아래로 힘차게 흔든다. 그 순간 놀랍게도 스피너가 잠깐씩 멈추거나 천천히 돌아가는 것처럼 보인다. 흔들던 것을 멈추면 스피너는 곧바로 정상적으로 돌아온다. 대체 어떻게 된 일일까? 설마 스피너를 흔드는 순간 스피너의 회전이

잠깐 멈추기라도 한 것일까? 동영상 촬영으로 확인해본 결과 정말 그런 것 같다.

촬영한 동영상으로 보건대, 스피너를 앞뒤 좌우 위아래로 흔들면 그 순간 동안 스피너의 회전속도가 떨어진다. 즉, 이는 시각적인 현상이 아니라 물리적인 현상이다(물리 현상이라 해도 신기하기는 마찬가지이다. 유체도 아닌 고체에서의 줄어든 회전력이 어떻게 복원될 수 있지?). 그러나 실망하기에는 아직 이르다. 다시 한 번 적당한 속도로 회전하는 스피너를 보자. 이번에는 스피너를 흔들 필요 없다. 그저 눈으로 스피너를 주시하다가 머리를 고정한 채 살짝 먼 곳으로 눈동자를 움직인다. 그러면 신기하게도 눈동자를 움직인 직후, 잠깐이지만 회전하는 스피너가 제법 선명하게 보인다. 이 또한 어떻게 된 일일까?

이는 안구 도약운동 시각 억제 현상으로 설명할 수 있다. 우리 눈은 수시로 안구를 이리저리 움직인다. 안구가 한 번의 도약운동을 마무리하는 데에는 대략 200밀리세컨드가 걸리며, 도약운동이 일어나는 이 시간에 우리는 아무것도 보지 못한다. 지각 기간_단위시간이 안구 도약운동 시간과 비슷하거나 짧다면, 그리고 돌아가는 스피너를 보다가 다른 쪽으로 짧게 시선을 돌린다면, 시선을 옮기기 직전에 마지막으로 본 스피너의 시각 영상 정보 이후 입력된 시각 정보는 없다. 결과적으로, 마지막으로 본 스피너 시각 영상은 이후에 들어오는 다른 시각 영상 정보들과의 평균화 없이 제법 선명하게 유지된다.

5장

풀리지 않는
우리 눈의 신비

●

눈은 중요하고 일상적이며 비교적 연구나 분석이 쉽기 때문에 연구자들은 시각 작용에 대해서 많은 연구를 했고, 또 많은 것들을 알아냈다. 그럼에도 눈의 작용은 너무나도 오묘하여 아직도 모르는 부분이 많다. 이 장에서는 그중에서 흥미로운 아주 일부만 소개하려 한다.

'1. 흑백 그림에서 색깔이 보이는 현상'은 흑과 백으로 이루어진 팽이가 돌아가면서 색깔이 보이는 신기한 현상에 관한 내용이다. '2. 두 눈에 각각 다른 그림을 보여준다면?'에서는 두 눈에 시각 자극을 달리했을 때 두 눈 사이에 벌어지는 경쟁에 대한 내용을 소개한다. '3. 눈을 감아도 선명하게 보이는 것들'에서는 환각 아닌 환각에 대한 내용을 담았다. 이 내용은 조금 조심스러운데, 환각도 아니고 질환도 아니고 착시도 아닌 이 현상은, 경우에 따라서는 비현실적이고 비과학적으로 보일 수도 있기 때문이다. 하지만 이 현상은 보고되어 정리된 엄연한 시각 현상이다. 마지막으로 '4. 우리는 어떤 식으로 색을 지각할까?'는 우리가 어떻게 색깔을 지각하게 되었는지에 대한 내용이다. 여전히 우리는 어떻게 색깔을 지각하는지를 정확히 모른다.

1.
흑백 그림에서
색깔이 보이는 현상

우리가 물체에서 색깔을 느낄 수 있는 것은 우리 눈의 망막에 있는 세 가지 타입의 **원뿔형 광수용체 세포** 때문이다. 이 세 가지 세포가 어떻게 발화하느냐에 따라서 우리는 빨간색과 파란색, 초록색 등 다양한 색을 본다. 그리고 이 세 가지 세포가 비슷한 수준으로 발화할수록 채도는 떨어지고, 급기야 같게 되면 우리는 색깔이 없는 흑백을 느낀다.

색깔이 있는 물체도[또는 세 가지 원뿔형 세포들을 균질하지 않게 발화시키는 주파수의 빛을 반사하거나(**반사색**), 발광하거나(**발광색**), 산란과 간섭을 통해 보강시키는(**구조색**) 표면 또는 표면에 미세 구조가 있는 물체도] 경우에 따라서는 흑백으로 보이기도 한다. 예를 들면, 주변이 어두워져 원뿔형 세포의 민감도가 떨어지는 경우가 그러하고, 색깔이 있는 서로 다른 물체가 시간적·공간적으로 섞여 채도가 떨어져서 흑백으로 보일 수도 있다.

이 글에서 이야기하려는 것은 색깔이 있는 물체에서 색채 정보가 사라지는 현상이 아니라, 반대로 색깔이 없는 흑백 물체에 색채 정보가 생기는 희한한 현상이다. 레티넥스 이론이 주변의 색깔 자극 조건에 따라 흑백 물체에서 색깔을 느끼는 현상에 대한 것이라면(3장 2. 참조), 여기서 말하려는 현상은 색깔 자체가 없는 그림자에서 색깔이 보이는 것 같은 현상에 대한 것이다. 그리고 이는 **벤함의 원판**(benham's disk)에서 확인할 수 있다. 벤함의 원판은 일종의 팽이로, '벤함'은 이 팽이를 만든 사람의 이름이다. 벤함 원판의 팽이 위에는 그림 40과 같은 무늬가 있

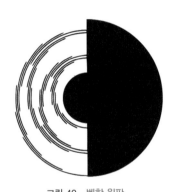

그림 40 벤함 원판

다. 원판의 반은 검은색, 나머지 반은 흰색 바탕에 검은색의 여러 줄무늬로 구성되어 있다. 줄무늬는 팽이의 원주를 따라가며, 시작점과 도착점은 조금씩 다르다. 다만 줄무늬의 길이는 모두 같다.

이 원판을 돌리면 어떻게 될까? 정말 색깔이 보일까? 〔이런 원판을 구하거나 만드는 것이 귀찮다면 인터넷에서 확

인해보기를 바란다(https://en.wikipedia.org/wiki/Benham%27s_top).〕 실제로 색깔이 보인다. 회전하고 있지만 검은색 선에서 놀랍게도 파란색이 보이고 빨간색 등이 보인다(개인차가 있어 색깔이 잘 보이지 않는 사람도 있을 것이다).

마차바퀴 현상에 비해 벤함 원판 착시는 원판이 비교적 낮은 RPM으로 돌 때 일어나므로 일반적인 모니터에서도 어느 정도 이 착시 현상

을 직접 확인할 수 있다. 다만, 동영상을 멈추면 색깔은 사라진다. 검은 색이다. 마차바퀴 현상을 촬영한 동영상에서 정지된 마차바퀴 착시 장면이 보이는데, 움직이는 상태에서만 경험할 수 있는 벤함 착시는 움직이는 물체를 직접 보아야만 경험할 수 있다. 또 동영상에서는 연속광 마차바퀴 현상을 직접적으로 경험할 수 없지만, 벤함 현상은 경험할 수 있다. 반면, 정지된 영상에서는 연속광 마차바퀴 현상을 간접적으로 확인할 수 있지만 벤함 현상은 간접적으로도 확인할 수 없다.

필자가 실제로 벤함 원판과 매트랩 시뮬레이션 원판을 이용하여 관찰해본 결과에서 벤함 원판 현상을 설명하면 다음과 같다.

첫째, 벤함 현상으로 빨강, 초록, 파랑 삼원색과 노란색까지 모두 색 착시를 경험할 수 있다. 이는 곧 벤함 원판의 무늬를 조절하면 대부분의 색에서 착시를 경험할 수 있음을 짐작하게 한다. 둘째, 하지만 벤함 현상에 의한 착시 색깔의 채도는 높지 않다. 착시로 나타나는 색깔들은 선명하지 않고 모두 탁하다. 셋째, 모니터에서는 원판의 배경색이 흰색보다는 적당히 어두운 색이 좀 더 착시가 잘 일어나는 듯하다. 너무 환하면 착시가 덜 분명하다. 넷째, 반면 모니터가 아닌 실물로 보는 원판의 경우, 무늬는 보이지만 어느 정도 어두운 환경에서는 벤함 착시가 거의 일어나지 않는다. 다섯째, 원판의 반을 차지하는 검은색 반원을 하얗게 하면 착시는 잘 일어나지 않는다. 여섯째, 원판의 방향을 바꾸면 착시의 양상이 달라진다. 일곱째, 반드시 원판 같은 회전체일 필요는 없으며, 그저 제자리에서 검은색과 흰색으로 이루어진 착시 색깔에 대응되는 깜빡임 코드에서도 벤함 원판 착시가 일어난다. 다만 이때의 착시는 원판에서의 착시보다 덜 분명하고, 또한 깜빡이는 영상의 크기에도 일정 수준의 시야각이 필요하다. 너무 작은 시야각에서 벤함 원판 코드를 깜빡이면 색 착시가 잘 관찰되지 않는다. 여덟째, 원판의 색깔이 검은색이 아닌 원색에서도 일어난다. 다만 색 착시는 초록색일 때 잘 일어나고, 파란색과 빨간색에는 상대적으로 잘 일어나지 않는 듯하다. 마지막으로 실제 원판의 경우, 적당히 천천히 돌아야 잘 관찰된다. 아주 빠를 때 관찰되지 않는 것은 아니지만 천천히 돌 때보다 명확하지 않다.

그렇다면 이 벤함 현상은 어떻게 일어나는 것일까? 크로마토그래피(chromatography, 색층 분석법)도 아닌데 도대체 있지도 않은 색깔 정보가 어디에서 나온 것일까? 아쉽게도 그 이유는 아직까지 명확히 밝혀지지 않았다. 필자가 가지고 있는 벤함의 원판 바닥에 이런 글귀가 있다. "아직 벤함의 원판에서 일어나는 착시 현상을 명확하게 설명한 사람은 없다. 아마도 이것은 마법일 것이다!!!" 다만, 위에서 언급한 대로 실제 벤함 원판과, 이것을 **매트랩**(MATLAB, matrix laboratory) 코드로 관찰해본 결과를 바탕으로 몇 가지 추론해볼 수 있다.

첫째, 벤함 착시는 막대형 세포와는 상관없다는 것이다(2장 2. 참조). 주변이 어두운 곳에서 실제 벤함 원판을 돌리면, 팽이 무늬는 보이지만 착시는 거의 일어나지 않기 때문이다. 어두운 환경에서 원뿔형 세포는 민감도가 떨어져 제대로 작동하지 못한다. 이것으로 보아 벤함 원판에서 느끼는 색깔은 실제 원뿔형 세포의 직접적인 작용에 의한 것으로 추정할 수 있다. 또한 빨간색(**단파장 원뿔세포**short wavelength cone **우세**)이지만 파란색(**장파장 원뿔세포**long wavelength cone **우세**)처럼 세 가지 원뿔세포 중 한 가지 세포에만 우세하게 반응하는 색이 아닌, 가시광선 대역의 중간쯤에 있는 초록색처럼 세 가지 원뿔형 세포 모두에서 어느 정도 반응하는 색이 바탕색일 때 벤함 원판 착시가 더 잘 일어나는 것도 이를 방증한다.

둘째, 벤함 착시는 세 가지 원뿔형 세포 사이에 있는 명암 변화 순응 특성 차이와 관련 있어 보인다. 만약 세 가지 세포가 어두운 상황과 밝은 상황이 바뀌는 상황에서의 순응 특성이 그림 41에서처럼 차이가 나면, 밝은색과 어두운 색이 계속 교차될 때 세 가지 세포 사이의 평균적인 발화 특성이 달라질 것이다. 이로써 원판 무늬에 따라 평균적인 발화율이 세 가지 원뿔형 세포들 사이에 차이가 있고, 그 차이에 의해서 검은색 원판에서 색깔이 인식되는 것이 아닌가 한다. 원판이 한 바퀴 도는데 1초도 걸리지 않는데 그 사이에 원뿔형 세포에서 순응 특성 변화가 얼마나 클까 생각하겠지만, **암순응 곡선**을 보면 순응 초반에 변화

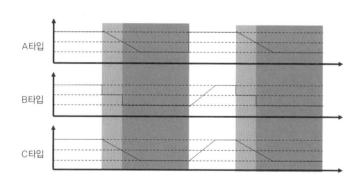

그림 41 원뿔형 세포 간의 명암 변화 순응 특성 차이 모델의 예
(x축은 시간, y축은 발화 정도, 흰색·회색·검은색은 각각 팽이에서의 검은 부분, 선 부분, 공백 부분을 표현)

율이 급격하기 때문에 그럴 가능성을 완전히 배제할 수는 없을 듯하다 (2장 3. 참조).

명순응의 경우, 명순응에 따른 민감도 변화율은 암순응에 따른 민감도 변화율보다 더 급격하다. 이는 밝은 곳에 있다가 어두운 곳으로 가면 적응하는 데 수십 분이 걸리지만, 어두운 곳에 있다가 밝은 곳으로 가면 수초 안에 완전히 밝기에 적응하는 것만 보아도 알 수 있다. 벤함 현상으로 관찰되는 착시 색깔의 채도가 떨어지는 것도 명암 무늬 변화에 따른 세 가지 원뿔형 세포 사이의 발화율 차이가 크지 않기 때문이라고 생각할 수 있다. 벤함 원판의 회전 방향을 바꾸면 **색채 착시**의 양상이 달라지는 것도, 원판의 명암 무늬 양상이 달라지면 이에 따른 원뿔형 세포 사이의 명암 순응 순서도 달라져 발화 양상에 차이가 생긴 것은 아닐까?

● ●　세 문장 요약

❶ 특정 흑백 무늬가 있는 팽이를 적당히 회전시키면 색깔을 느끼게 된다.

❷ 이 현상은 막대형 광수용체 세포와는 관련 없어 보인다.

❸ 이 현상은 원뿔형 세포의 명암 변화 순응 특성 차이와 관련이 있어 보인다.

2.
두 눈에 각각 다른 그림을
보여준다면?

두 눈에 각기 다른 그림을 보여준다면 우리는 무엇을 보게 될까? 예를 들어 왼쪽 눈에는 빨간색 화면을 보여주고 오른쪽 눈에는 파란색 화면을 보여준다면 우리는 무엇을 보게 될까?

1) 빨간색 화면
2) 파란색 화면
3) 빨간색과 파란색이 섞인 자주색 화면
4) 빨간색과 파란색이 번갈아서 반복

정답은 4)이다. 두 눈이 동시에 전혀 다른 그림을 보면 두 눈으로 들어온 두 정보는 서로 합쳐지거나 한쪽만 보이는 것이 아니라, 뇌에 주의를 끌기 위해 서로 경쟁을 계속한다. 두 눈의 능력은 비슷비슷해서 한

번은 왼쪽 눈으로 들어온 정보가 경쟁에서 이기고, 또 한 번은 오른쪽 눈으로 들어온 정보가 경쟁에서 이기면서 승패는 서로 번갈아가며 반복된다. 이처럼 두 눈으로 들어오는 자극의 상태는 변함없이 동일함에도, 양안 경합 과정에서 우리는 그때그때 전혀 다른 자극을 지각한다.

양안 경합 현상은 우리가 예측하거나 의식적으로 통제하기가 힘들며, 어떤 원리로 결정되는지도 정확히 모른다. 따라서 양안 경합 또는 **양안 경쟁**(binocular rivalry)은 깊이 지각보다는 주의집중이나 의식 상태에 대한 관점에서 해석해야 하는 행동심리적인 현상이며, 맹점 채움 현상과 함께 실제로 많은 뇌과학자들은 그런 쪽으로 연구하고 있다.

양안 경쟁은 두 눈으로 들어오는 상의 거리가 같을 때 쉽게 일어나며, 무엇보다도 망막에 맺히는 상의 형태나 색깔의 규칙이 뇌에서 일치하지 않는, 그래서 하나의 상으로 인식되지 않는 교란 상태에서 발생할 수 있다. 양쪽 눈으로 들어온 시각 정보는 대뇌에서 처음으로 처리하는 일차 시각피질의 각각 영역에서 모두 받는다(2장 4. 참조). 그런데 빨간색 화면과 파란색 화면에서처럼, 양쪽 눈으로 들어온 신호에 서로 특정한 공통된 규칙을 찾을 수 없을 때 대뇌는 두 정보 중 한 번에 한 가지 정보만 선택해서 처리하기도 한다. 다만, 어떤 방식으로 선택하고 또 어떤 식으로 처리하는지를 설명하는 보편적인 원리를 모를 뿐이다.

두 눈으로 들어온 두 상의 정보가 일치하지 않아서 발생하는 양안 경쟁 상황은 일상생활에서는 거의 일어나지 않는다. 그러나 사실 평소에도 물체를 볼 때 왼쪽 눈으로 들어온 상과 오른쪽 눈으로 들어온 상은 완전히 같지 않다. 그 이유는, 왼쪽 눈과 오른쪽 눈이 물리적으로 약간 간격이 벌어져 있고, 이로 인해 두 영상 사이에 **공간적인 시차**가 발생하기 때문이다.

그럼에도 일상에서 양안 경쟁이 일어나지 않는 이유는 뇌의 **깊이 지각 능력** 때문이다. 양쪽 눈으로 들어온 두 개의 영상 정보가 완전히 같지 않더라도, 망막 상에 맺힌 두 정보의 위치에서 어떤 규칙성이 관찰되면, 뇌는 아마도 실제의 입체 물체에 대한 누적된 경험과 학습으로 형성된 능력을 통해 자연스럽게 그 정보들을 두 개의 평면 물체가 아닌 하나의 3차원 입체로 인식해서 처리한다. 다시 말해, 두 가지 2차원 정보 → 하나의 3차원 정보 형태이다. 그리고 주위에서 보이는 거의 모든 일상적인 물체들은 이런 규칙성을 따르기 때문에 두 눈으로 들어오는 완전히 같지 않은 두 가지 상에서 두 개의 평면이 아닌 하나의 입체로 느끼게 된다(4장 3. 참조).

양안 경쟁은 또한 **우세안(주시안)** 관점에서 해석해볼 수도 있다.[1] 두 눈으로 들어오는 영상은 두 방향이지만, 하나로 수렴된 입체감은 한쪽 방향에서 정의된다. 보통 그 방향은 왼쪽 눈 방향이든 오른쪽 눈 방향이든, 한 방향이라는 일관성을 가진다. 그리고 깊이 지각에서의 기준 시선 방향의 눈이 우세안이다. 예를 들어, **입체시** 시선방향이 오른쪽 눈 방향으로 결정되면 우세안은 오른쪽 눈이다. 우세안으로 들어온 영상 정보가 다른 쪽 눈으로 들어온 영상 정보보다 주의력에서 우세하다고 생각할 수 있다. 이를 양안 경쟁 관점에서 해석하면 우세안 쪽 화면 정보가 다른 쪽 눈 화면 정보보다 양안 경쟁 승률이 훨씬 높다. 우세안 쪽의 경쟁 승률이 압도적으로 높아 경쟁 자체가 성립되지 않는 상황이다.

양안 경합 현상은 지금 당장이라도 다양한 방법으로 비교적 쉽게 확인해볼 수 있다. 다음의 인터넷 자료에는 그중 한 가지 방법이 소개되었으며, 양안 경합 현상에 대해서 여러 가지 사실들을 알수 있다(http://visionlab.harvard.edu/Members/Olivia/tutorialsDemos/Binocular%20Rivalry%20Tutorial.pdf).

양안 경합 현상을 체험하기 위해 필요한 준비물은 종이 한 장이다. 그림 42처럼 종이 한 장을 말아 잡고서 한쪽 눈에 완전히 감싼 뒤 벽을 본다. 그리고 나머지 손은 종이 쪽에 붙인다. 그림 42와 똑같이 하면 아마도 구멍 뚫린 손바닥이 보이게 될 것이다. 경합에서 오른쪽 눈이 이길 확률이 높기 때문이다. 그러나 손바닥을 점점 뒤로 움직여 눈에서 손바닥의 거리와 눈에서 벽까지의 거리가 같아지면 본격적인 양안 경합이 일어난다. 그러다가 손바닥을 벽보다 더 멀리 보이게 하면 아마도 왼쪽 눈이 이길 것이다. 역시 거리 때문이다.

그림 42   양안 경쟁을 체험하는 간단한 방법

이 간단한 양안 경쟁 실험에서 양안 경쟁에 대한 몇 가지 사실을 확인할 수 있다. 첫째, 이 실험은 두 시야의 정보가 다르기만 하면 무조건 양안 경쟁이 일어나는 것은 아님을 보여준다. 양안 경쟁이 일어나려면 양안 간의 자극이 달라야 하는 것은 기본이고, 또한 대상과의 거리가 비슷해야 하며 보이는 정보에도 몇 가지 조건이 있어야 한다. 예를 들어 한쪽 시야에 다른 쪽 시야보다 훨씬 더 **주의집중**을 유도하는 영상을 보여주면 양안 경쟁이 일어나기 어렵다. 만약, 오른쪽 눈에는 검은색 화면이 보이고, 왼쪽 눈에는 촛불 화면이 보이는 경우라면 양안 경쟁은 일어나지 않고, 왼쪽 눈이 일방적으로 이기게 될 것이다. 촛불이 항상 어둠을 이기니까.

둘째, 이 실험은 비슷한 자극에서도 양안 경쟁의 빈도나 비율이 고정된 것은 아님을 보여준다. 실험에서 종이 길이와 같은 거리에 있던 손을 살짝 앞으로 당기거나 반대로 살짝 뒤로 빼면 양안 경쟁의 빈도와 비율 양상이 달라진다. 아마도 근거리 물체가 원거리 물체보다는 눈에 부담이 더 가고 보기도 힘들며 흐릿하게 보여서 원거리 물체가 우세 성질이 있는 듯하다. 앞에서 말한 예에서 만약 검은색 화면을 얼굴이나 경치, 글자 등으로 교체하여 화면으로부터의 주의집중 상태를 바꾼다면 양안 경쟁 양상이 달라질 것이다.

셋째, 이 실험은 양안 경쟁이 '오른쪽 눈 전체 시야 정보 vs 왼쪽 눈 전체 시야 정보'의 형태가 아닌, '오른쪽 눈 부분 시야 정보 vs 왼쪽 눈 부분 시야 정보'의 형태로도 일어날 수 있음을 보여준다. 이 실험에서 오른쪽 눈으로 전달되는 시야 정보 중에서도 특히 주의집중을 유도

하는, 종이 사이로 보이는 벽 부분의 시야 정보만이 왼쪽 눈으로 전달되는 손바닥 시야 정보와 경쟁 대상이 된다. 실제로 해본 결과, 종이를 작게 말수록 오른쪽 눈으로 보이는 벽이 좁아지지만, 좁아진 만큼 주의집중 유발도가 높아져 왼쪽 눈으로 들어온 정보와의 양안 경쟁에서는 더 우세한 듯하다.

　마지막으로, 두 눈으로 들어온 각각의 정보는 항상 경쟁만 하는 것이 아닌, 경우에 따라서는 서로 협동하기도 하는 듯하다. 예를 들어, 앞에서 오른쪽 눈에 검은색 화면을 보여주면 양안 경쟁은 일어나지 않고 왼쪽 눈이 일방적으로 이긴다고 했는데, 그렇게 한참을 있다 보면 검은색 화면을 보던 오른쪽 눈만 암순응이 되는 상황에 돌입하게 된다(2장 3. 참조). 그 결과, 오른쪽 눈과 왼쪽 눈 사이의 빛에 대한 민감도가 서로 달라진다. 즉, 같은 세상을 보고도 오른쪽 눈으로 보이는 세상은 왼쪽 눈으로 보이는 세상보다 더 밝아 보인다. 왼쪽 눈에 손전등을 일부러 비추면 이 대비는 더욱 명확해진다.

　그렇다면 이런 상태에서 두 눈에 비춰진 세상은 어떻게 보일까? 오른쪽 눈에 보이는 밝은 세상일까? 왼쪽 눈에 보이는 어두운 세상일까? 아니면 밝았다가 어두워졌다가 할까? 정답은 세상은 두 밝기의 평균 밝기로 보인다. 이 경우에서 두 눈은 경쟁하지도, 압도하지도 않고 서로 타협하는 모양새를 보이는 것이다.

① 왼쪽 눈과 오른쪽 눈에 다른 영상이 들어오면, 두 눈에서 들어온 정보는 서로 번갈아 주의집중 경쟁을 하기도 한다.

② 이 경쟁에서 어느 눈이 이길지, 어떤 식으로 이길지에 대해 밝혀진 보편적인 원칙은 없다.

③ 이는 뇌의 주의집중 현상을 이해하는 실마리가 될 수 있다.

덧붙임

1   주시안은 '주로 보는 눈'이다. 우리에게는 눈이 두 개 있고 따라서 시선방향이 다른 두 가지 시각 정보가 뇌로 전달된다. 그럼에도 우리는 주시의 작용 때문에 주시안, 즉 우세안의 시선방향만으로 세상을 본다. 주시안은 왼쪽 눈이 될 수도 있고 오른쪽 눈이 될 수도 있지만, 뭐가 되든 하나로 고정되는 경향이 있다. 간단한 방법으로 자신의 주시안이 왼쪽 눈인지 왼쪽 눈인지를 확인할 수 있으며, 그 방법은 다음과 같다.

1) 최대한 먼 곳에 있는 관심 물체를 정한다.
2) 두 팔을 시선방향으로 쭉 펴고 양 엄지와 집게손가락을 서로 포개서 구멍을 만든다.
3) 그렇게 만든 손 구멍으로 멀찍이 있는 관심 물체를 본다.
4) 그런 상태로 왼쪽 눈을 감았을 때 관심 물체가 보이면 주시안은 오른쪽 눈이고, 반대로 오른쪽 눈을 감았을 때 관심 물체가 보이면 주시안은 왼쪽 눈이다.

3.
눈을 감아도 선명하게
보이는 것들

눈을 감으면 아무것도 볼 수 없다. 특히 잠을 자려고 불까지 끈 상태에서라면 더욱 그러하다. 그런 상태라면 그나마 눈꺼풀로 전해지는 희미한 빛조차 없는, 말 그대로 암흑이다. 그럼에도 이런 상태에서도 눈앞의 모습에서 뭔가를 보려고 조금만 집중하면 분명 어떤 것이 보인다. 먼저, 처음에 보이는 것은 눈 감기 직전에 눈을 자극한 빛에 대한 **잔상**일 것이다(5장 4. 참조).

이 잔상은 몇 초, 길어도 보통 1분 이내에 사라진다. 잔상이 완전히 사라지고 난 이후에도 조금만 집중하면 눈앞에 뭔가가 보인다. 그러나 그 무언가는 모양을 형상화하기 힘들고, 일관성도 없이 아른거릴 뿐이다. 이것은 아마도 눈으로 전해지는 특별한 자극이 전혀 없는 상태에서, 아무렇게나 발생되는 미미한 수준의 무작위적인 활동 신호에서라도 뭔가 정보를 얻으려는 의지가 반영된 시각피질의 노력물이 아닌가 한다.

이 글에서 다루려는 것은, 눈을 감은 상태나 졸릴 때나 잠을 자려 할 때 또는 잠에서 깰 무렵 눈앞의 모습에 집중하다 보면 놀랍게도 어떤 뚜렷한 형태를 가진 무늬들이 보이는 현상이다. 무슨 무늬인지는 알 수 없지만, 그리라면 그릴 수도 있을 만큼 윤곽이 선명하다. 참 신기한 현상이다. 어두운 곳에서 눈을 감으면 외부에서 들어오는 **빛 정보**가 완벽하게 차단된다. 그럼에도 형상화할 수 없고, 무작위로 보이는 모습은 앞에서 말한 것처럼 시각과 관련된 신경세포의 **잡음성 활동 성분**으로 설명할 수도 있다. 그러나 암흑 상황에서도 형상화할 수 있고 정교하게 보이는 상(像)은 그것과는 완전히 다르다.

『아내를 모자로 착각한 남자』로 유명한 신경학자인 올리버 색스(Oliver Sacks)는 『환각』이라는 저서에서 이러한 현상을 '**입면 환각**(hypnagogic hallucination)'으로 정의하고, 일반적으로 일어날 수 있는 현상이라고 설명한다. 일반적인 사전에는 입면 환각을 흔히 알려진 가위눌림이나 기면증 같은 수면 질환으로 정의하고 있다. 그러나 『환각』에 따르면, 사전에서 정의하는 입면 환각을 **출면 환각**으로 따로 설명하고 있으며, 입면 환각은 이와 구별되는 전혀 다른 종류이다. 『환각』에는 입면 환각을 다음과 같이 묘사한다.

유사 환각(입면 환각)이라고 불리는 다른 형태의 환각이 있다. 이때 **환각**은 외부 공간으로 튀어나오지 않고 당사자의 눈꺼풀 안쪽에 나타난다. 그런 환각은 일반적으로 눈을 감은 채 거의 잠이 든 상태에서 발생한다. 그러나 이 점을 제외하면 일반적인 환각의 특징을 모두 가지고 있다. 즉,

정상적인 시각적 이미지와 달리 비자발적이고 통제할 수 없으며, 초자연적인 색과 세부적 특성을 지니거나 기이한 형태와 변형을 띤다.

입면 환각으로 보이는 형상은 자극에 의한 것도 아니고, 환각에 의한 것도 아니며, **꿈**에 의한 것도 아니다. 자려고 누운 상태에서, 잔상이 사라지고 아른거림을 관찰하다가 몽롱해지면서 보이는 어떤 뚜렷한 형상이 바로 입면 환각이다.

다시『환각』에서 묘사하는 입면 환각 형상을 인용하면 다음과 같다.

무늬와 형체가 만화경처럼 끊임없이 변했지만, 너무 일시적이고 정교해서 아무리 잘 그려도 사실적인 모습에 접근할 수가 없다. 나는 그 다양함에 놀랐다. 내가 어떤 생각을 하기 시작하면 그것들은 즉시 시야와 기억에서 사라졌고, 신기하게도 내 앞에 자주, 아주 확실히 나타나지만 나는 습관적으로 무시하고 넘어간다. ……입면 환각에서 나타나는 환영은 불가능할 정도로 선명하거나 현미경처럼 세밀하다고 많은 사람들이 말한다. ……입면 환각에서는 여러 개의 상이 별자리처럼 나타날 수 있다. 예를 들어 가운데에 풍경이 자리 잡고 왼쪽 상단 구석에는 복잡한 기하학적 무늬가 나타나는데, 모두 한꺼번에 나타나고 제멋대로 발전하거나 변형된다. 일종의 다초점 환각인 셈이다. ……에드거 앨런포는 입면 환각이 낯설 뿐 아니라 이전에 본 그 무엇과도 다르다는 점을 강조했다. '그 상은 절대적으로 새로웠다.'

입면 환각으로 보이는 형상은 실로 대단히 인상적이다. 한번도 본 적도, 상상한 적도 없는 불꽃만큼이나 화려하면서도 바늘 끝만큼이나 세밀하며 선명한 기하학적 무늬들이 눈앞에 펼쳐진다. 입면 환각에서 보이는 무늬들은 내 취향도 아닐뿐더러, 내 능력으로 구성하기도 힘들 만큼 복잡하고 정교해 보인다. 시각을 연구하고 공부해온 필자에겐 이는 사실상 도무지 설명할 여지가 없어 보이는 말도 안 되는 현상이다. 그러나 정작 현상이 그러하니 할 말이 없지만 말이다.

이러한 무늬들은 몇 초씩 서로 일관성 없이 떠다니다가 사라진다. 입면 환각자는 이러한 무늬나 형상들을 그저 구경만 할 뿐이다. 이렇게 입면 환각이 실제 환각처럼 불현듯 나타나는, 수동적이고 통제할 수 없는 자극임에도 이를 질환으로 분류하지 않는다. 왜냐하면 일반적인 환각과는 달리, 눈을 감고 있는 상태에서 보이는 입면 환각을 진짜 자극으로 생각하거나 착각하지 않기 때문이다. 또한 환각임을 확실하게 인지하고 있으며, 외부 공간으로 투영되지 않으며, 이 환각은 마음만 먹으면 언제든지 눈을 뜸으로써 사라지게 할 수 있기 때문이다. 실제로 입면 환각은 대부분의 사람들이 한 번쯤 경험하며, 소수의 사람은 자주 경험한다고 한다.

입면 환각을 자주 경험할 수 없는 이유는 의외로 간단할 수도 있다. 눈을 감은 채 **의식**이 몽롱해질 때까지 눈앞의 형상에 집중하는 것이 어렵기 때문이다. 실제로 의식이 몽롱해지기 전, 자신의 의식이 몽롱해지고 있음을 인식하는 **자의식**이 먼저 몽롱해지고, 그래서 일반적으로는 그렇게 스스로 몽롱해지는 줄도 모르고 어느새 잠에 든다(필자의 경우가 그렇다). 어쩌다가 기회를 잡아 입면 환각을 경험하게 되어도 상황은 비슷하다. 스스로도 놀랄 만한 눈앞에 펼쳐지는 입면 환각 장관을 즐기다가 좀 더 자세히 관찰해보려고 집중하면, 행여 몽롱한 상태에서 벗어나 형상들이 사라지지 않을까 조심하면서 걱정하는데, 실제로 그런 경우는 드물다. 대부분의 입면 환각은 형상에 집중하려고 노력해도 얼마 못 가서 어느 순간 잠이 들면서 끝난다(역시 필자의 경우가 그렇다).

입면 환각을 경험하면서 조심해야 하는 것은 영상이 사라져버리는 것이 아니라 잠이 들어 관찰을 못하게 되는 점이다. 앞의 **입면기, 탈면기** 상태에서는, 완전한 **각성 상태**는 아니지만 완전한 **탈의식 상태**도 아닌 **반 각성 의식 상태**라 간혹 자신의 각성 상태를 스스로 살펴볼 자기 관찰자의 눈이 작동할 수도 있다. 그러나 꿈을 꾸는 순간은 일반적으로 완전한 탈의식 상태라서 자신의 각성 상태를 살펴볼 자기 관찰자의 눈마저 작동하지 않는다.

그렇다면 이렇게 희한하다고 할 수밖에 없는 입면 환각은 도대체 왜 일어날까? 아쉽게도 아직 정확히 알려진 것이 없다. 입면 환각에 대한 현상을 연구하고 고민하고 보고한 문헌은 100년 전부터 몇몇 있었던 것 같지만, 이 현상에 대한 이유를 설명하는 문헌은 없는 듯하다. 황당한 생각이 많은 필자에게도 입면 환각은 도무지 감이 오지 않는 현상이다.

1 잠을 자려고 눈을 감은 상태로 눈앞에서 뭔가를 보려고 집중하면 잔상이 보인다.

2 잔상이 사라지면 형용할 수 없는 아른거리는 형상이 무작위로 보인다.

3 잠으로 몽롱해질 즈음까지 집중하면, 통제할 수 없는 정교하고 화려한 무늬들이 보인다.

참고 자료

• 올리버 색스 지음, 김환영 옮김. 『환각』. 알마, 2013.

4.
우리는 어떤 식으로
색을 지각할까?

시각 연구에서 가장 대표적인 주제를 꼽으라면 개인적으로 색채 지각을 꼽고 싶다. **색채 지각**에는 연구할 거리가 많고, 흥미로운 부분도 많으며, 실생활과 직결되는 문제도 많기 때문이다. 아닌 게 아니라 색채 지각에 관한 연구는 엄청나게 많이 이루어졌고, 또한 수많은 관련 지식들이 축적되어 있다. 그러나 뜻밖에도 우리가 어떤 식으로 색을 지각하는지에 대해서는 아직도 명확히 밝혀져 있지 않다.

우리가 어떤 식으로 색을 지각하는지에 대해 처음으로 가설을 제시한 사람은 영국의 물리학자 토머스 영(Thomas Young)이다. 19세기에 토마스 영과 독일의 물리학자 헬름홀츠(Hermann von Helmholtz)는 색채 지각에 대한 놀라운 직관 하나를 제시하는데, 이름하여 **'빛의 삼원색' 이론**이다.

우리 눈에 세상은 수만 가지 색으로 보이지만 실제로 우리가 관찰할 수 있는 모든 색은 빨강, 초록, 파랑이라는 세 가지 원색의 조합으로 표현될 수 있다는 이론이다. 어떻게 그것이 세 가지였는지를 알아냈는지 놀라울 따름이고, 하고많은 색 중에 어떻게 이 세 가지 색을 뽑았는지도 궁금할 따름이다. 어찌 되었든 이것은 사실이고, 실제로 모든 색은 세 가지 색으로 표현될 수 있음이 광학적으로 확인되었다.

모니터로 표시되는 모든 색도 세 가지 색〔빨강(Red, R), 초록(Green, G), 파랑(Blue, B)〕으로 구성되어 있고, 종이에 인쇄된 색도 세 가지 색〔노랑(Yellow, Y), 선홍(Magenta, M), 청록(Cyan, C)〕으로 구성되어 있다(이 장에서는 편의상, 원색 색깔을 영어의 이니셜로 표기한다). 따라서 RGB를 빛의 삼원색이라 하고, CMY를 색의 삼원색이라고 한다. 삼원색이 반드시 RGB나 CMY일 필요는 없지만, 그렇다고 삼원색이 임의의 아무 색으로 다 성립되는 것도 아니다.

빛의 삼원색과 색의 삼원색을 보면, 그림 43에서처럼 먼저 두 구

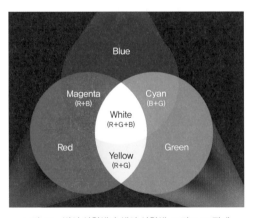

그림 43 빛의 삼원색과 색의 삼원색, 그리고 그 관계

성이 다르다는 것을 알 수 있다. 이는 모니터가 항성처럼 스스로 빛을 내면서 보이는 반면, 인쇄물은 위성처럼 주변에 빛이 있을 때 반사되어 보이는 것이기 때문이다(이 글에서는 반사되어 보이는 것을 빛과 구별하여 '색'으로 표현한다). 빛은 합쳐질수록 에너지가 커지고 밝아진다. 빨간빛에 파란빛을 합치면 그만큼 에너지가 커지고 밝아진다. 이를 '**가산혼합**'이라고 한다. 그러나 인쇄물은 그렇지 않다. 인쇄물에서의 색은 합쳐질수록 빛 에너지가 약해지고 어두워진다. 이를 '**감산혼합**'이라고 한다. 인쇄물에 나오는 빛은 종이로 전달된 전체 빛 에너지 중에서 종이에 흡수되거나 투과되고 남은 빛이다. 밝은 곳에 있는 인쇄물에서 빨간색이 보이는 것은 인쇄물에 도달한 빨간빛+파란빛+초록빛 중에서 빨간빛만 반사되고, 나머지 파란빛과 초록빛은 인쇄물에 흡수되거나 투과되어 사라져버린 셈이다.

　인쇄물 제작에 사용되는 빨간색 잉크는 빨간빛을 만드는 물질이 아니라, 파란빛과 초록빛을 흡수하는 물질이라는 관점에서 본다면 왜 인쇄물에서는 색을 합치면 어두워지는지는 쉽게 설명이 된다. 예를 들어, 빨간색 잉크와 파란색 잉크를 합친다는 것은 빛 관점에서 보면 파란빛과 초록빛 흡수제와 빨간빛과 초록빛 흡수제를 섞는다는 의미이며, 따라서 이론적으로 그 결과 남는 것은 아무 빛도 없는 검정색이다. 빨간색과 노란색을 섞거나 노란색과 파란색 잉크를 섞어도 마찬가지다(모든 것이 그렇듯이, 이론처럼 실제로 그렇게 되지는 않는다).

　이렇듯 빨강, 파랑, 초록을 원색 잉크로 사용하여 인쇄물에 표현할 수 있는 색이 별로 없다. 물론 원색의 농도를 묽게 해서 표현하면 좀 더 다양한 색을 표현할 수는 있지만, CMY를 표현할 수 없다는 것에는 변함이 없다. 묽은 빨간색 잉크에서 전달되는 빛을 (빨강, 초록, 파랑) **색좌표** 벡터로 표현한다면 (255, 127, 127) 또는 (255-0, 255-127, 255-127)이 된다(3장 2. 참조). 위의 묽은 빨간색 잉크와 묽은 파란색 잉크[(127, 127, 255), 또는 (255-127, 255-127, 255-0)]를 섞으면 흰색에 가까운 심홍색[(255+127, 127+127, 255+127)]이 아니라, 보라색[(255-0-127, 255-127-127, 255-127-0)]이 나온다.[1,2] 이와 같은 이유로, 모니터에서 빛의 삼원색으로 CMY를 선택하면 RGB를 표현할 수가 없다.

그렇다고 인쇄물에 쓰이는 색의 삼원색은 빛의 삼원색과 전혀 별개의 것이 아니다. 이 둘은 밀접한 관련이 있다. 그림 43에서도 보이지만 색의 삼원색은 빛의 삼원색에서의 상호 교차점으로 구성되어 있다. 그러니까 색의 삼원색은 빨간빛과 파란빛이 더해졌을 때 보이는 M, 초록빛과 파란빛이 더해졌을 때 보이는 C, 빨간색과 초록색이 더해졌을 때 보이는 Y이다. 예를 들어, 선홍색 잉크와 노란색 잉크를 합친 물질에서 반사되어 나오는 색은, RGB에서 G 흡수물질과 B 흡수물질이 만난 색이므로 결국 R만 남게 되어 빨간색을 띠는 식이다.

다만, 모니터의 영상 소자는 삼원색만으로도 충분하지만, 프린터의 잉크에는 삼원색과 함께 따로 검은색(Black, K)도 쓴다. 즉, 이론상 두가지 색깔 이상의 원색 잉크가 합쳐지면 검은색이 되어야 하지만, 겹쳐지는 순서나 과정, 잉크의 흡수 스펙트럼 등에 따라 완전한 검은색이 나오지 않아서이다. 또한 흑백 인쇄물이 대부분인 상황에서 검은색 한 가지 색으로 인쇄되는 것을, 완전하지도 않은 검은색을 내느라 굳이 비싼 삼원색을 쓰는 것은 낭비이기도 하다.

어찌 되었든 우리 눈에 보이는 모든 빛깔은 세 가지 색만의 조합으로 표현될 수 있다. 이런 직관에서, 우리의 눈에도 파장에 따라 빛을 감응하는 세포 또한 더도 말고 덜도 말고 딱 세 가지 종류의 수용체가 있음을 예측할 수 있다. 이런 예측은 삼원색 이론이 제안된 지 수십 년 후인 1960년대에 이르러 확인이 되었다. 실제로 우리의 눈에 세 가지 종류의 다른 파장에서 반응하는 광수용체 세포인 원뿔세포가 관찰되었던 것이다.

그림 44는 그렇게 해서 확인된 세 가지 종류의 원뿔세포를 반응 주파수 대역에 맞춰서 표현한 것이다. 반응 주파수 대역의 길고 짧은 정도에 따라, 파란색에 대응되는 원뿔세포는 **단파장 원뿔세포**(short wavelength cone) (S), 초록색에 대응되는 세포는 **중간파장 원뿔세포**

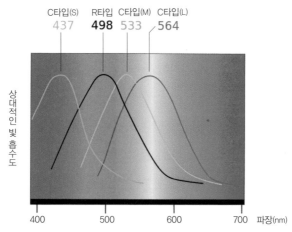

그림 44 전자기파 주파수 대역에 따른 광수용체 세포(C와 R형)의 반응 특성

(Middle wavelength cone) (M), 빨간색에 대응되는 세포는 **장파장 원뿔세포**(long wavelength cone) (L)로 정의한다.[3]

이리하여 우리가 인지하는 모든 색은 이 세 가지 광수용체 세포의 독립적인 반응에 따른 이뤄짐이 확인된 것이다. 다시 말해, 우리가 지각하는 모든 색깔은 세 가지 원뿔세포의 상대적인 활성 특성에 기초해서 결정되는 것이다.

결론적으로, 이 삼원색 이론으로 우리 눈에서 일어나는 색 지각 반응 대부분을 설명할 수 있다. 원뿔세포의 반응 특성만으로 색채 지각 전체를 판단하는 것을 섣부른 일반화라고 생각할지도 모르겠다. 망막에 있는 원뿔세포에서 발생된 신호는 뇌의 고차 시각피질로 전달되는 과정에서 수많은 복잡한 신호 처리과정을 거치기 때문에 이는 합리적인 의심이라 할 수 있다. 실제로 시각 정보가 전달되는 경로는 대단히 복잡하다. 그러나 다행히도 형태 정보, 위치 정보와 함께 색깔 정보는 시각 경로의 초창기에서부터 상당히 독립적으로 구분된다. 그리고 이러한 구분은 시각 경로의 끝부분인 고차 시각피질에까지 이어져서 전달된다. 따라서 망막에서 다르게 감각된 색채 정보는 비교적 고스란히 뇌에 전달될 수 있는 것이다.

그런데 색채 지각 현상 중에는 삼원색 이론으로 설명이 안 되는 것처럼 보이는 부분도 있다. 바로 **잔상색 현상**이다. 즉, 빨간색을 몇십 초 보다가 갑자기 흰색을 보면 초록색이 보이고, 파란색을 계속 보다가 또 흰색을 보면 노란색이 보이는 현상이다. 흰색을 보았는데 있지도 않은 원색이 보이는 이 현상은, 그리고 잔상이 주로 빨간색과 초록색, 파란색과 노란색이 한 묶음으로 하여 작동하는 것처럼 보이는 이 현상은, 빛의 삼원색 이론에 설명이 추가되거나 수정이 가해지는 계기가 되었다.

삼원색 이론만으로 설명이 안 되는 것처럼 보이는 또 다른 현상이 있다. 이는 불그스름한 노란색이나 푸르스름한 초록색은 상상할 수 있어도, 불그스름한 초록색이나 푸르스름한 노란색은 상상하기 어려운 현상이다. 색이 서로 다른 삼원색이 독립적인 조합만으로 지각된다면 이렇게 원색 조합에 비대칭이 일어난다는 것은 이상한 일이다. 마지막으로, 장파장 원뿔세포가 없는 **빨간색 색맹**(색약)은 초록색도 볼 수 없고, 단파장 원뿔세포가 없는 **파란색 색맹**(색약)은 노란색도 볼 수 없다고 한다. 이 역시 빨간색과 초록색과 파란색을 감응하는 세포가 서로 완전히 독립적으로 작동하지 않고, 마치 한 묶음으로 엮여 있는 것처럼 보이는 현상이다.

이런 현상들에서, 독일의 생리학자 헤링(Ewald Hering)은 빨간색과 초록색, 그리고 노란색과 파란색 사이에 무슨 특별한 인연이 있다고 생각하고, 19세기 색채 지각에 대한 **대립과정이론**(opponent-process theory)을 제안한다. 그의 이론에 따르면, 우리의 빛 인지는 빨강, 초록, 파랑 세 가지 서로 완전히 독립적인 광수용체 세포의 반응으로 일어나는 것이 아니라 흑-백+, 빨강+초록-, 노랑-파랑+ 세포에 의해 일어난다. 다시 말해, 흑-백+ 세포가 활동하면 밝게 느끼고, 활동을 하지 않으면 어둡게 느끼게 된다. 또한 빨강+초록- 세포가 활동하면 빨간색을 느끼고, 활동을 하지 않으면 초록색을 느끼게 된다. 노랑과 파랑 역시 노랑-파랑+ 세포가 활동하면 파란색, 하지 않으면 노란색을 느끼게 된다는 것이다. 그리고 나머지 모든 색은 이 세 가지 세포들의 활성화 특성 조합으로 인지된다.

대립과정이론에 따르면, 초록색과 빨간색에 반응하는 광수용체 세포가 동시에 반응하면 파랑+노랑- 세포가 억제되고, 파랑+노랑- 세포가 억제되면 노란색을 인지하게 된다. 대립과정이론대로라면 잔상 현상은 빨간색을 보여주면 빨강+초록- 세포가 활성화되어 빨간색을 느끼게 되고, 그러다가 흰색을 보여주면 활성화되는 빨강+초록- 세포가 활동을 멈추기 때문에 초록색을 느끼게 된다는 식의 설명이 가능해진다.

빛의 대립과정이론은 빛의 삼원색 이론과 분명히 서로 어긋나는 부분이 있다. 그러나 삼원색 이론의 생물학적 근거가 발견될 시점과 거의 비슷한 시기에 대립과정이론에 대한 생물학적 근거도 발견된다. 실제로 그런 빨강+초록- 특성을 보이는 신경세포와 노랑-파랑+ 특성을 보이는 신경세포가 관찰된 것이다. 다만, 삼원색 이론의 근거가 되는 세포가 망막의 광수용체 세포에서 관찰되었다면, 대립과정이론의 근거가 되는 세포는 시신경 경로의 신경절 세포에서 관찰되었다. 지금은 이러한 이론들과 관찰에 따라 눈으로 들어온 빛은 광수용체 세포 단계에서 1차적으로 삼원색을 받아들이고 난 다음, 중간에 대립과정이 발생한 뒤 최종적인 색채 정보가 뇌로 전달된다는 것이 색채 지각에 대한 일반적인 추정이다.

그러나 필자의 생각으로는 삼원색 이론에 좀 더 가중치를 두고 싶다. 먼저, 대립과정이론 발상의 중요한 모티브가 되는 색잔상 현상은 순응 현상과 보색 개념을 활용하면 삼원색 이론만으로도 충분히 설명된다. 보색에 대해 먼저 설명을 하면, **보색**은 서로 섞였을 때 채도가 0이 되는 색을 가리킨다. 채도가 0이라는 것은 삼원색의 강도가 모두 같은 상태로, 따라서 아무 색이 느껴지지 않는 무채색을 말한다. 빛의 가산혼합에서 보색은 혼합하여 무채색(n, n, n), 또는 검은색(0, 0, 0)이 되는 두 색상의 대응 쌍을 가리킨다. 예를 들어, 색좌표가 (255, 0, 0)인 빨간색의 보색은 (0, 255, 255)에 해당하는 C가 된다. 마찬가지로 (0, 0, 255)인 파란색의 보색은 (255, 255, 0)인 Y이며, (0, 255, 0)인 초록의 보색은 (255, 0, 255)인 M이다. 즉, 빛의 삼원색에서 세 가지의 기본 보색 쌍이 발생한다. 보색 개념은 삼원색 이론이 제안되기 아주 오래전부터 있던 것으로, 특히 회화기법에 중요하게 이용되어왔다. 지금이야 그림판에다 숫자 몇 번만 치면 바로 보색을 확인할 수 있지만, 예전에는 그림판은 고사하고 컴퓨터도 없던 시절인데 어떻게 보색을 확인했을까? 그때의 보색은 각자의 주관적인 과정을 거쳐 독자적으로 고안되었다. 비록 눈대중이긴 했지만 얼추 맞아떨어진다고는 한다.

대립과정이론에서 색잔상 현상을 설명하기 위해서 RG 및 BY 짝에 대해서만 **억압 신호**를 도입했다. 그러나 잔상 현상은 신경절 세포에서의 **억제 현상**이 아니라 광수용체 세포에서의 **순응 현상**에 따른 결과로 보는 것이 맞을 것이다. 주의하지 않은 상태에서 감각 단위의 신경세포는 고정불변 자극에서 순응하게 되어 반응성이 서서히 떨어지는데 이를 신경세포의 순응 현상이라고 한다. 즉, 파란색만 계속 보고 있으면 파란색에 반응하는 광수용체 세포는 순응하게 되고, 파란색을 보더라도 파란색 광수용체 세포는 반응을 덜 하게 된다[이는 암순응과 명순응에서의 순응과도 비슷한 현상인 듯하다(2장 3. 참조)]. 그런 상태에서 바로 흰색을 보면 파란색에 순응된 눈은 삼원색 이론에서 흰색에 포함되어 있는 빨 간색, 초록색, 파란색 중에서 빨간색과 초록색에 반응하는 광수용체 세 포만 반응한다. 그 결과 흰색(255, 255, 255)에서 파란색(0, 0, 255)이 빠 진 색좌표 (255, 255, 0)인 노란색을 인지하게 되는 것이다. 그리고 노 란색은 파란색의 보색이다. 즉, 광수용체 세포가 특정 색에 순응한 상태 에서 흰색을 보면 그 특정 색의 보색이 보인다.

이렇듯 삼원색 이론만으로 색잔상 현상이 설명되기 때문에 색잔 상 현상을 설명하기 위한 것이라면 대립과정이론은 필요 없게 된다. 불 그스름한 노랑, 푸르스름한 초록은 상상이 되는데, 불그스름한 초록이 나 푸르스름한 노랑은 상상이 안 되는 이유도 마찬가지이다. 이는 그저 **가시광선 스펙트럼**에서의 색채 배열 때문에 생기는 현상일 것이다. 이 색 채 배열은 무지개나 프리즘을 통해서 알 수 있는 '빨주노초파남보'이다. 즉, 초록색보다 노란색이 빨간색에 더 가까이 있고, 노란색보다 초록색 이 파란색에 더 가까이 있어 단순히 근처에 있는 색깔을 더 잘 연상되 는 그 이상의 의미는 없어 보인다. 주황빛 빨간색이 파란빛 빨간색보다 는 더 잘 상상되듯이 말이다. 빨간색에 의한 신경세포 반응 특성은 파란 색에 의한 신경세포 반응 특성보다는 주황색에 의한 신경세포 반응 특 성에 더 가까울 것이고, 뇌는 파란색보다는 주황색을 빨간색에 더 가까 운 색으로 인식하는 것이다. 결론적으로, **색깔 연상 현상**도 삼원색 이론 으로 설명된다.

그러나 말했듯이 삼원색 이론만으로는 모든 시각 현상이 설명되지는 않는다. 그중 하나가 앞에서 언급한 색맹(색약)에서 나타나는 현상들이다. 이것으로 볼 때 대립과정이론에는 일정 부분 진실은 있어 보인다. 실제로 시신경에서 대립세포가 관찰된 것으로 보아 더욱 그러하다.

원색에서 유독 노란색의 위상이 높은 것도 대립과정이론을 지지하는 듯하다. 빛의 삼원색을 보면 원색이 합쳐진 세 가지 색 가운데 노란색의 존재감은 이상하리만큼 독보적이다. 나머지 두 색 심홍색과 청록색은 거의 사용되지 않는 낯선 색 이름인 반면, 유독 노란색은 삼원색에 버금갈 정도로 익숙하다.[4] 즉 노란색은 우리에게 삼원색만큼이나 특별하게 느껴지는데, 대립과정이론에서는 이 노란색을 그렇게 여기고 있다.

결론적으로, 인간의 모든 색채 지각은 삼원색 이론만으로 상당 부분이 설명된다. 그러나 사소해 보이는 것일지언정 몇몇 시각 현상은 대립과정이론을 도입했을 때 설명된다. 빛이 광자인가 파장인가로 의견이 분분하듯이, 색채 지각 역시 삼원색 이론과 대립과정이론이라는 서로 어긋나는 이론으로 설명되고 있다.

❶ 색의 삼원색 이론은 모든 색이 세 가지 원색을 기본 요소로 하여 서로 빼고 더해서 조합된 형태로 표현되며, 뇌에서도 그런 식으로 지각된다는 이론이다.

❷ 색의 삼원색 이론으로 일부 설명되지 않는 것처럼 보이는 현상들을 설명하기 위해서 대립과정이론이라는 삼원색 이론과 어긋나는 이론이 제안되었다.

❸ 색채 지각은 삼원색 이론으로 상당 부분이 설명되지만, 대립과정이론을 도입해야 설명되는 부분도 여전히 있다.

덧붙임 ·

1   빛의 삼원색 가산혼합에서 빨강(255, 0, 0)과 빨강(255, 0, 0)이 만나면 모니터상
    에서 무슨 색깔이 될까? 지금까지의 조합 방식대로라면 그 빛의 색좌표는 (510,
    0, 0)이 된다. 이 색은 환한 빨강일까 진한 빨강일까 아니면 그냥 빨강(255, 0, 0)
    일까? 실제로 광학적인 테스트를 해보지는 않았지만 아마도 그냥 빨강일 것이
    다. 색좌표에서 최대값은 255이다.
      색좌표 255를 표현하는 모니터상에서의 물리적인 빛의 세기는 어떻게 정해
    졌을까? 0은 빛의 세기가 0이라고 하면 되지만, 빛의 세기에 대한 최대값에는
    한계가 없으므로 무한대로 할 수도 없다. 그 최대 물리적인 세기는 아마도 정신
    물리학적인 행동실험을 거쳐 정해졌을 것이다. 감각세포가 반응하는 데에는 물
    리적인 강도에 대한 대역이란 것이 있다. 반응할 수 있는 최소 강도 이하의 강도
    를 가진 물리적인 자극에 신경세포는 전혀 반응하지 못해 변별력 있는 정보를
    만들어낼 수 없다. 반대로, 반응할 수 있는 최대 강도 이상의 강도를 가진 물리
    적인 자극에는 신경세포가 모두 반응해서 변별력 있는 정보를 만들어낼 수 도
    없다. 예를 들면, 자극 강도가 너무 커서 모든 감각세포가 최대 빈도로 반응하는
    경우, 그 이상의 자극을 주어도 똑같이 반응하게 될 것이다. 따라서 255에 대한
    물리적인 빛의 강도는 광수용체 세포가 반응할 수 있는 최대에 가까운 빛의 세
    기, 또는 모니터 화면에서 낼 수 있는 최대 빛의 세기를 기준으로 하여 설정했을
    것이다.

2   하나 더 이야기하면, 모니터에서의 명도 0과 1 사이의 실제 빛의 강도 차이와
    명도 254와 255 사이의 실제 빛의 강도 차이는 같을까? 답은 후자가 훨씬 크
    다. **베버-페히너의 법칙**(Weber-Fechner law)에 따라 인간의 신경세포는 강한 자
    극에 비해 약한 자극에서의 **감응 변별력**이 훨씬 좋다. 감응 변별력이 좋다는 말
    은 감응에 대한 **최소 식별 차이**가 작다는 말과 같은 의미이다. 좀 더 쉬운 말로
    표현하면, 감응 변별력이 크다는 것은 주어진 자극에서의 조그마한 자극 강도의
    변화나 차이도 잘 알아챌 수 있다는 뜻이다.
      감응 변별력은 자극의 강도에 반비례한다. 즉, 강도가 셀수록 감응 변별력은

떨어지고, 최소 식별 차이도 강도에 비례해서 커진다. 따라서 0에서 255 사이의 자극 강도를 같은 강도 간격으로 하면, 약한 세기 값 근처에서는 정보가 사라지고, 강한 세기 값 근처에서는 다른 값인데도 우리 눈에는 똑같은 밝기의 빛으로 보인다. 이는 정보 손실이고, 데이터 낭비다. 이런 것을 막기 위해 명도 값에 따른 실제 물리적인 빛의 세기를 **감마 교정** 등을 통해 변별력이 생기는 기점을 나눠서 물리적인 값을 책정하는데, 명도 값이 증가함에 따라 그 값에 대응하는 실제 물리적인 빛의 세기 값은 대략 기하급수 형태가 된다.

3   가시광선에서의 주파수 대역은 무한히 세분화될 수 있는 반면, 우리 눈에서의 가시광선 주파수 특성을 분석하는 원뿔세포의 종류는 오직 세 가지밖에 없다. 그래서 우리 눈은 가시광선의 주파수 특성을 오롯이 파악할 수 없다. 이러한 우리 눈의 한계로 인해 실질적으로 주파수 특성이 전혀 다른 두 빛일지라도 우리 눈의 원뿔세포에서 그 두 빛으로부터 동일한 반응 특성을 보이는 상황은 얼마든지 일어날 수 있다. 이 경우, 우리는 주파수 특성이 다른 그 두 빛을 같은 색으로 감각하게 될까? 정답은 "그렇다"이다. 우리는 결국 신경세포의 반응 특성으로 색을 감각하기 때문에, 실질적인 주파수 특성이 전혀 다르더라도 원뿔세포의 반응 특성이 같기만 하면 우리의 뇌는 그 차이를 구별하지 못한다. 그리하여 LED(light emitting diode) 조합으로 이루어진 RGB의 모니터상에 바나나의 노란색과, 수많은 주파수 특성으로 조합된 태양광 아래에서 반사된 바나나의 노란색은 그 주파수 특성이 서로 전혀 다르지만, 우리는 그 둘 사이의 색깔 차이를 전혀 인식하지 못한다.

    이처럼 주파수 특성은 다르지만 원뿔세포에서의 반응 특성이 같아서 우리에게 같은 색깔로 인식되는 두 색을 **조건등색**(條件等色, metamerism)이라고 한다. 원뿔세포가 적어서 일어나는 현상인 만큼, 원뿔세포의 작동에 이상이 있는 색맹(색약)에게는 그렇지 않은 비색맹에 비해 조건등색의 조건이 더 많이 성립할 것이다. 예를 들어, 비색맹에게는 빨간색과 초록색이 조건등색은 아니지만, 장파장 원뿔세포가 없는 적색맹에게 빨간색과 초록색은 서로 구별하기 힘든 조건등색이다.

4 빛의 삼원색도 아닌 노란색이 왜 특별하게 느껴지는 것일까? 이는 색깔을 감각하는 원뿔세포의 반응 특성을 통해 어느 정도 알 수 있다. 전자기파 주파수 대역에 따른 광수용체 세포의 반응 특성을 다시 보면, 빨간색에 대응하는 L세포가 최대로 반응하는 색은 빨간색이 아니라 노란색이다. 또한 노란색은 초록색에 대응하는 M세포가 상당히 반응하는 색이기도 하다. 그리고 L세포와 M세포의 수는 전체 원뿔세포의 90퍼센트 이상을 차지한다. S세포는 전체 원뿔세포의 5퍼센트 정도밖에 되지 않는다. 즉, 노란색은 초록색과 함께 양대 원뿔세포에 모두 잘 반응하는 중요한 색인 셈이다. 따라서 노란색이 빛의 삼원색에 포함되어도 사실 별로 이상할 것 없다. 실제로 삼원색 이론의 주창자인 토머스 영은 처음에 삼원색으로 RGB가 아닌 RYB로 제안했다고 한다. 그러나 가산혼합 특성상, 빛의 삼원색을 RGB가 아닌 RYB로 하면 모든 빛의 색깔(예컨대, 초록색)을 표현할 수 없음을 이 글에서 설명했다.

　예전에 눈과 관련해서 생각나는 것이 있을 때마다 하나씩 써놓았던 글들을 엮어 비로소 한 권의 책으로 펴낸다. 이 작업을 처음 시작할 때는 단지 써놓은 것들을 거의 갖다 붙이면 되는 수준으로 생각했는데, 써놓았던 글에 여러 가지 수정할 것들이 의외로 많아 생각했던 것보다 엮는 데 시간이 많이 걸렸다. 몇 년에 걸쳐서 써놓았던 글들이기는 하지만, 쓴 시간만 따진다면 이번에 다시 엮는 데 그 정도의 시간이 걸린 듯하다.

　이 글을 엮으면서 예전에 공부하고 조사하고 생각했던 눈과 시각과 관련한 내용을 다시 한 번 훑어봐야 했다. 그때는 분명히 알고 썼던 것 같은데 지금에 와서 그때 써놓은 것을 다시 보니 도무지 이해가 되지 않은 부분이 많아서였다. 그때 조금만 더 신경 써서 차근차근 친절하게 잘 좀 써놓을 걸 하는 생각도 들었다. 그러면서도 지금 다시 비슷한 주제로 글을 쓰라고 하면 그때만큼 이야기들을 과감하게 풀어나갈 수 있을까 하는 생각도 든다.

이제는 눈-시각과 관련해서 궁금증이나 이상하거나 흥미로운 점들이 잘 떠오르지 않는다. 이는 내가 눈이나 시각에 대해 충분히 알게 되어서인 것은 당연히 아니며, 사실 아쉽고도 슬픈 일이라 할 수 있겠다.

이 글을 엮는 것에 생각보다 시간과 신경이 많이 쓰였지만 예전의 눈을 새롭게 다시 경험하는 듯도 해서 즐거웠다. 이 책은 오랜 시간이 흐른 뒤에 나에게 좋은 기념이 될 것 같다.

끝으로, 이 책을 집필하게 된 계기를 마련해준 아들 두영이와 책에 실을 그림들에 흥미를 보이며 나를 즐겁게 해준 딸 희지, 마지막으로 항상 곁에서 나에게 힘이 되어주는 사랑하는 아내 유미에게 고마움을 전한다.

이 책에는 인지, 기억, 예측, 감각, 지각 같은 용어들이 종종 사용되었다. 이러한 추상적인 용어들은 사람마다 조금씩 다르게 정의하고 있다. 이렇게 각자의 용어 사전이 다르면 같은 말을 하더라도 서로 다른 의미로 전달하고 받아들일 수 있다. 이 용어들의 본질적인 의미를 사전에서 찾으려는 것은 무리수이다. 실제로 이 용어들에 대한 설명은 사전마다 다르다. 그럴 수밖에 없다. 위에 나열한 뇌 작용에서의 핵심 용어의 의미를 정확히 정의하려면 뇌 작용 자체를 통찰해야 하는데, 이런 것을 사전을 제작하는 국어학자나 언어학자에게 기대할 수는 없다.

'기억-예측 기본틀(memory-prediction framework)'은 지능과 관련된 뇌 작용을 진실에 가깝게 통찰하는 모델이라 생각한다. 기억-예측 모델은 컴퓨터 과학자 제프 호킨슨이 저서 『생각하는 뇌, 생각하는 기계』에서 제안했다. 뇌과학자들이 설명해야 할, 그러나 제대로 설명하지 못한 지능에 대한 난제들을 컴퓨터 과학자가 놀라운 통찰로 거의 다 설명해버린 듯하다.

그가 제안한 기억-예측 모델을 몇 문장으로 요약하면 다음과 같다. 어쩌면 고도로 압축된 몇 줄의 문장만으로는 대체 무슨 의미인지 제대로 와닿지 않을지도 모른다. 다음의 문장들이 의미하는 것을 더 확실하게 이해하고자 한다면 관련 책을 읽어보기를 권한다.

A) 뇌는 능동적으로 외부 자극에서 패턴을 찾고 익히려고 항상 준비·대기하고 있다.

B) 뇌는 주의집중한 경험들에서 다양한 패턴들을 시간 서열로 처리해서 저장한다.

C) 뇌는 저장된 기억들을 바탕으로 외부 세상에 대한 불변 형태의 모델을 형성하려고 한다.

1) 저장된 기억은 항상 인출될 기회를 기다리고 있으며, 뇌는 그것과 유사한 관련된 실마리 자극에 의해 자동적이고 순차적으로 불러일으킨다(이해).

2) 뇌는 불러일으킨 기억 정보들에서 앞으로 경험하게 될 자극들을 의식하지

않는 상태로 매 순간 미리 예측하거나 유추한다(지능).

3-1) 예측이 실제의 경험과 일치하면 지각을 일으키며, 뇌는 다음의 관련 기억들을 불러들이고(지각), 관련된 범주를 강화한다.

3-2) 예측이 실제 경험과 불일치하면 주의를 일으키며, 뇌는 관련된 범주를 약화하거나 새로운 범주를 형성하면서 그 이유를 설명하려 한다.

기억-예측 모델 전체에서 핵심어를 하나 뽑으라면 단연 '패턴'일 것 같다. 패턴이 있는 신호에는 규칙이 있으며, 규칙은 반복되는 성질을 통해 형성이 되며, 반복되는 신호는 예측이 가능하다. 즉, 패턴의 본질은 반복되는 성질이며, 패턴은 신호에서의 반복되는 속성으로 정의할 수 있다. 예를 들어, 직선이나 원은 그 자체에 지닌 반복되는 성질로 패턴을 형성하며, 무작위의 신호라도 그것이 단위 형태로 반복이 된다면 그것 역시 패턴을 형성한다. 무작위의 신호가 단위 형태로 반복되지 않더라도 시간적으로 반복되어 나타난다면 그것 역시 패턴을 형성한다. 그리고 이 패턴은 필연적으로, 모르는 관련 신호에 대한 예측을 가능하게 한다.

신호 또는 자료에서 어떤 패턴을 찾으려 한다는 것은 신호 또는 자료에서의 반복되는 성질을 관찰하여 예측 가능한 성분이 있는지 없는지를 확인한 뒤 그 내용을 파악한다는 의미이다. 말했듯이 패턴은 본질적으로 반복되는 신호이고, 뇌에서 반복되는 신호는 그와 관련한 뇌신경의 시냅스를 자연스럽게 강화시켜 그와 관련한 내용을 순차적으로 저장하게 한다. 이것이 기억이다.

즉, 뇌에서 보았을 때 기억은 뇌에 가해지는 반복되는 외부와 내부 신호의 주의에 의해 강화된 시냅스로부터 형성된 순차적 신경망 정보이다. 기억 형성이 시냅스 강화로만 이뤄지고 시냅스를 강화하는 방법이 반복된 주의 자극의 신호뿐이라면 뇌가 저장한 모든 기억은 결국 패턴뿐이라 할 수 있다. 또한 시간 서열을 지닌 패턴은 예측 가능한 성질을 가지고 있기 때문에, 결론적으로 뇌에 저장된 모든 기억에는 본질적으로 예측 가능한 성질이 있다. 뇌에서 말하는 지능의 본질은 바로 이런 패턴에 대한 예측 능력일 것이다.

기억은 그와 관련한 외부 감각 자극, 또는 내부 자발 자극에 대한 주의를 통해 자동적으로 불러일으키게 되며, 그러는 과정에서 자연스럽게 예측 능력이 발생한다. 그리하여 지능은, 기억이 그와 관련된 외부 자극에 의해 불러일으키게 되면서 자동적으로 발휘되는, 외부 자극과 관련된 추가적인 자극 신호나 다음에 올 자극 신호를 예측하는 능력으로 정의할 수 있다.

기억-예측 모델을 기반으로 하여 신경 정보 처리와 관련된 용어를 정리해보면 다음과 같다.

- 데이터 : 물질 간의 상호작용에서 발생되는 물리·화학적인 변화나 상태를 정량적인 형태로 변환한 것
- 일관성 : 바뀜이나 변함이 없는 성질
- 무작위성 : 일관된 비일관성
- 규칙 : 일관성 있게 반복되는 변화
- 패턴 : 데이터에서의 규칙성
- 신호 : 패턴이 있는 데이터
- 잡음 : 패턴이 없는 무작위성 데이터
- 가치(의미) : 대상과의 관계에서 판단하는 대상에 대한 중요성
- 정보 : 예측에 가치 있는 신호(내용)
- 자료 : 정보화를 위해 기록된 데이터
- 계측 : 물리·화학적인 변화나 상태를 데이터 형태로 추출함
- 감각 : 계측된 데이터에서 신호를 구별함
- 예측 : 기억이 순차적으로 인출되면서 뒤따를 외부 자극에 대한 반응 준비작용, 또는 현상에 대한 일관성 인식에서 미래의 현상에 대한 의문점을 해결하는 작용
- 기억 : 반복적인 주의집중에 의해 뇌에 형성된 순차적 강화 시냅스망 정보
- 이해 : 기억이 관련된 실마리 자극에 따라 자동적이고 순차적으로 불러일으키게 되는 작용
- 지각 : 예측에 의해 도출된 준비 상태의 감각 관련 정보가 실제 현재의 외부 자극 패턴과 일치 결합할 때의 반응 작용
- 인지 : 예측에 의해 도출된 준비 상태의 일반적인 정보가 실제 현재의 상태나 상황에 대한 패턴과 일치 결합할 때의 반응 작용

- 주의 : 예측에 의해 도출된 준비 상태의 정보가 실제 현재의 패턴과 불일치 결
  합할 때의 반응 작용
- 인식 : 감각된 신호들에서 정보를 파악함
- 지능 : 기억이 그와 관련된 내·외부 자극에 의해 불러일으키게 되면서, 그 자극
  과 관련된 추가적인 내외적 정보나 다음에 올 내외적 정보를 예측하는
  능력

보편 정보 참고 자료

김도현 지음. 『동물의 눈』. 나라원, 2015.

김현승, 김효명, 성공제, 유영석 지음. 『안과학』. 일조각, 2017.

박찬웅 지음. 『본다는 것』. 의학서원, 2009.

이원택, 박경아 지음. 『의학신경해부학』. 고려의학, 2008.

지제근 지음. 『알기 쉽게 풀이한 의학용어』(제3개정판). 아카데미아, 2018.

함기선 지음. 『신경생리학』. 현문사, 1997.

Mark F. Bear 외 지음, 강봉균 외 옮김. 『신경과학』. 바이오메디북, 2009.

E. Bruce Goldstein 지음, 김정오 옮김. 『감각과 지각』. 센게이지러닝(Cengage Learning), 2010.

그림 출처

그림1   왼쪽 https://www.maxpixel.net,

　　　　오른쪽 http://open.umich.edu ⓒ Artwork by Holly Fischer

그림2   https://www.illusionsindex.org ⓒ Adelson, E. H.

그림3   https://en.wikipedia.org

그림4   https://en.wikipedia.org

그림5   https://coolopticalillusions.com

그림6   https://coolopticalillusions.com

그림8   왼쪽 https://en.wikipedia.org ⓒ Lbeaumont,

　　　　오른쪽 https://www.flickr.com ⓒ Ian Stannard

그림9   왼쪽 https://www.flickr.com ⓒ Fibonacci,

　　　　오른쪽 https://www.livescience.com

그림13   https://en.wikipedia.org ⓒ Erin_Silversmith

그림14   https://en.wikipedia.org ⓒ Kernsters

그림 15 https://en.wikipedia.org ⓒ Philip Ronan, Gringer

그림 16 https://en.wikipedia.org ⓒ Nick84

그림 17 Mechanisms of Laser-Tissue Interaction : Optical Properties of Tissue, Mohammad Ali Ansari, Ezeddin Mohajerani, journal of *LASERS*, 2011

그림 18 https://en.wikipedia.org ⓒ Caerbannog

그림 19 https://en.wikipedia.org ⓒ Jochen Burghardt

그림 20 https://www.ucalgary.ca/pip369/mod3/brightness/darkadaptation 참조

107쪽 https://en.wikipedia.org

그림 21 https://en.wikipedia.org ⓒ Miquel Perello Nieto

그림 23 https://en.wikipedia.org

그림 25 http://apps.usd.edu/coglab/IntroPeripheral.html

Reprinted from *Vision research*, volume 14, Anstis, S. "A chart demonstrating variations in acuity with retinal position", 1974

그림 26 https://en.wikipedia.org ⓒ NEUROtiker

그림 30 Schyns, P. G., Oliva, A. "Dr. Angry and Mr. Smile: when categorization flexibly modifies the perception of faces in rapid visual presentations." *Cognition* 69, 1999

그림 31 Harmon, L. D. "The recognition of faces," *Sci Am*. 1973 Nov;229(5)

그림 39 https://sv.wikipedia.org을 수정

그림 40 https://en.wikipedia.org

그림 42 http://visionlab.harvard.edu(Vision Sciences Laboratory:Department of Psychology, Harvard University)

그림 44 https://en.wikipedia.org ⓒ Pancrat

흥미롭고도 신비한 눈의 세계

눈 탐험

초판 1쇄 발행일 2018년 11월 5일
초판 2쇄 발행일 2019년 9월 21일

지은이 최상한
펴낸이 이원중

펴낸곳 지성사   출판등록일 1993년 12월 9일   등록번호 제10-916호
주소 (03458) 서울시 은평구 진흥로 68 정안빌딩 2층(북측)
전화 (02) 335-5494   팩스 (02) 335-5496
홈페이지 www.jisungsa.co.kr   이메일 jisungsa@hanmail.net

ISBN 978-89-7889-406-7 (03400)
잘못된 책은 바꾸어 드립니다. 책값은 뒤표지에 있습니다.

「이 도서의 국립중앙도서관 출판예정도서목록(CIP)은 서지정보유통지원시스템 홈페이지(http://seoji.nl.go.kr)와
자료공동목록시스템(http://www.nl.go.kr/kolisnet)에서 이용하실 수 있습니다. (CIP제어번호:CIP2018034176)」

** 이 도서는 한국출판문화산업진흥원의 출판콘텐츠 창작 자금 지원 사업의 일환으로
국민체육진흥기금을 지원받아 제작되었습니다.